FORSCHUNGSBERICHTE DES LANDES NORDRHEIN-WESTFALEN

Herausgegeben
im Auftrage des Ministerpräsidenten Dr. Franz Meyers
von Staatssekretär Professor Dr. h. c. Dr. E. h. Leo Brandt

Nr. 1004

Dr.-Ing. Eginhard Barz

Verein zur Förderung von Forschungs- und Entwicklungsarbeiten
in der Werkzeugindustrie e.V. Remscheid

Untersuchung von Schraubendrehern und Schraubenverbindungen

Als Manuskript gedruckt

WESTDEUTSCHER VERLAG / KÖLN UND OPLADEN

1961

ISBN 978-3-663-03807-8   ISBN 978-3-663-04996-8 (eBook)
DOI 10.1007/978-3-663-04996-8

Gliederung

Einleitung .... S. 5

Begriffe und Formelzeichen .... S. 6

1. Stand der Technik .... S. 7

2. Die Schraubverbindung, grundsätzliche Erwägungen .... S. 10

    2.1 Kräfte und ihre Auswirkungen an der Schraubendreherschneide .... S. 11
    2.2 Kräfte und ihre Auswirkungen im Schlitz des Schraubenkopfes .... S. 14
    2.3 Spannungs- und Reibverhältnisse in der Schraubverbindung S. 16

3. Abgrenzung der Aufgabe .... S. 23

4. Untersuchung .... S. 23

    4.1 Untersuchung der von Hand auf verschiedene Griffformen übertragbaren Drehmomente .... S. 23
    4.2 Gebräuchliche Formen von Schraubendreherklingen und Schraubenköpfen .... S. 25
    4.3 Untersuchung der Drehmomente und Auswurfkräfte bei handelsüblichen Schrauben und Schraubendrehern .... S. 29

        4.31 Prüfgerät .... S. 29
        4.32 Untersuchung der Schraubendreher in bezug auf übertragbare Drehmomente, Auswurfkräfte und -wege .... S. 31

            Drehmomente .... S. 31
            Auswurfkräfte .... S. 35

        4.33 Untersuchung von Schrauben mit Schlitz und Kreuzschlitz .... S. 38

            Übertragbare Drehmomente .... S. 38
            Auswurfkräfte .... S. 40
            Einfluß der Oberfläche von Schraubendreherschneiden auf die Auswurfkraft .... S. 43
            Sonstige Einflüsse auf Auswurfkraft und Deformation des Schraubenschlitzes .... S. 44

5. Folgerungen .... S. 49

    5.1 Folgerungen für die Gestaltung von Schraubendreherschneiden und Schraubenschlitzen .... S. 49
    5.2 Folgerungen für die Beanspruchung von Schrauben und Schraubendrehern .... S. 50

6. Untersuchung des Arbeitsverhaltens von kraftbetätigten Schraubendrehern .... S. 54

    6.1 Grundsätzliches .... S. 54
    6.2 Eingesetzte Kraftschrauber .... S. 57
    6.3 Untersuchung der Gleichmäßigkeit der Anziehmomente und Verspannungen .... S. 57
    6.4 Beanspruchung der Schraubendreherschneide und des Schraubenschlitzes bei Verwendung von Kraftschraubern .... S. 61

Zusammenfassung .... S. 66

Literaturverzeichnis .... S. 68

Einleitung

Durch die Entwicklung von Schrauben hoher Festigkeit und ihre zunehmende Verwendung in der Massenfertigung ist der Einsatz hoch beanspruchbarer Schraubendreher, insbesondere bei Verwendung von Kraftschraubern ständig gewachsen.

In den Schraubennormen sind die verschiedenen Werkstoffe und die erstrebten zulässigen Anziehmomente unberücksichtigt geblieben.

Wegen der unterschiedlichen Schraubenkopfformen findet man zum gleichen Gewindedurchmesser verschiedene Schlitzlängen zugeordnet, die bei nicht zylindirscher Kopfform (Senkschraube) nur z.T. von der Schraubendreherschneide ausgenutzt werden können.

Bisher haben die Hersteller von Schraubendrehern die Schneidenbreiten der Schraubendreherklingen an die unterschiedlichen nutzbaren Schlitzlängen der verschiedenen Schraubenkopfformen angepaßt. Somit ergaben sich in der Regel drei Schneidenbreiten für Schrauben desselben Gewindedurchmessers.

Hinzu kommt, daß durch die vergleichsweise großen Toleranzen der Schlitzbreiten (H 14) sowie durch das Passungsspiel zwischen Schraubendreherschneide und Schraubenschlitz es in der Praxis unvermeidbar ist, daß mit demselben, meist mit keilförmiger Schneide ausgeführten Schraubendreher Schrauben unterschiedlicher Gewindedurchmesser angezogen werden können und somit teilweise der Schraubenkopf, teilweise die Schraubendreherklinge überbeansprucht werden.

Ungleichmäßige Spannungen in Schraubenverbindungen bedeuten insbesondere bei bewegten Teilen eine verminderte Sicherheit der Verbindung (oder evtl. geringere Laufgenauigkeit). Teile, die mit höherer Paßgenauigkeit verbunden werden, können sich verziehen; das bedeutet vorzeitigen Verschleiß oder Ausfall der betreffenden Maschinenteile.

Durch richtig bemessene Vorspannung der Schraube steigt die Dauerhaltbarkeit der Schraubverbindung.

Vorliegendes Forschungsvorhaben wurde vom Ministerium für Wirtschaft und Verkehr des Landes Nordrhein-Westfalen unter Mitwirkung der Hersteller für Schraubendreher, Kraftschrauber und Schrauben gefördert.

Begriffe und Formelzeichen

                        Benennung

Kräfte

V   [kg]   Verspannkraft
                        (Verspannkraft ist die Kraft, die durch Ver-
                        spannen (Anziehen) der Schraube in der Schraub-
                        verbindung erzeugt wird.)

A   [kg]   Auswurfkraft
                        (kann durch mindestens gleich große Andruck-
                        kraft aufgehoben werden.)

Momente

M_t [kgm]   Torsionsmoment der Schraube
M_a [kgm]   Anziehmoment
M_{ab} [kgm]   Bruchmoment der Schraube
M'_{ab} [kgm]   Bruchmoment des Schraubendrehers
M_k [kgm]   Reibmoment am Kopf
M_g [kgm]   Reibmoment im Gewinde

Reibwert

μ_k Reibwert der Kopfreibung
μ_g Reibwert der Gewindereibung

Schraubenmaße

n   [mm]   Schlitzbreite
l   [mm]   Schlitzlänge
t   [mm]   Schlitztiefe
a   [mm]   Aufwurf

Schraubendrehermaße

n'   [mm]   Schneidenbreite
l'   [mm]   Schneidenlänge
ß   [°]   Keilwinkel

1. Stand der Technik

In der einschlägigen Literatur findet man eine Reihe von Berechnungsmethoden für Anziehmomente und Vorspannungen bei Sechskantschrauben. Die verschiedenen Formeln für die Schraubenanziehmomente beispielsweise von HEINE, MUTH, WIEGAND, HAAS, HOLM, RIBE, KELLERMANN und KLEIN liefern z.T. stark voneinander abweichende Werte.

Der Reibung wird unterschiedliche Bedeutung beigemessen; z.T. werden Kopf- und Gewindereibung in den verschiedenen Formeln nicht voneinander getrennt. Es schwankt z.B. der Reibwert bei Durchrechnung für eine Sechskantschraube M 10 bei einer Vorspannkraft von 1775 kg und einem Anziehmoment von 4,4 kgm zwischen 0,2 bis 0,5.

Berechnet man für die genannte Vorspannkraft nach den verschiedenen Formeln das Anziehmoment bei μ_k (Kopfreibung) = μ_g (Gewindereibung) = 0,2, so erhält man ein Anziehmoment von 3,0 bis 4,4 kgm.

Durch die Reibung entsteht beim Anziehen einer Schraube neben der zur Vorspannung erforderlichen Zugkraft auch eine Torsionskraft. Je nach Reibwert und Gewindesteigung ändert sich das Verhältnis zwischen Zug- und Torsionsspannung. Bei hohem Torsionsanteil verbleibt für die Vorspannung nur ein geringer Teil der zulässigen Spannungsbeanspruchung, so daß es zu einer Überlastung der Schraube kommen kann. Bei μ_g = 0,4 stehen z.B. nur 50 % der Gesamtspannungsbelastbarkeit für die Zugspannung zur Verfügung.

Vergleichsweise niedrige Reibwerte von 0,02 bis 0,07 würden, wie sie allerdings in der Schraubenherstellung gar nicht zu erreichen sind, für eine Selbsthemmung schon ausreichen (vor allem, wenn man bedenkt, daß die zu überwindende Reibung der Ruhe einem höheren Reibwert entspricht).

HANCKE kam in einer Untersuchung über Anziehmoment, Reibwert und Vorspannkraft bei hochfesten Schrauben zu dem Ergebnis, daß sich die Reibung am Schraubenkopf und damit das Anziehmoment rechnerisch nicht genau bestimmen lassen. Der Einfluß der Reibung auf Vorspannung und Anziehmoment bei Sechskant-Kopfschrauben für Gewinde M 8 und größer wurde von R. KELLERMANN und H.Ch. KLEIN untersucht. Sie stellten fest, daß der durch unterschiedliche Reibung zwischen den Gleitflächen und unterschiedliche Formen der Gleitflächen am Schraubenkopf bedingte Streubereich der Vorspannung bei Verwendung von Schrauben mehrerer Hersteller sich von der noch fast losen Verbindung bis zum Abwürgen der Schraube streckt. Inwieweit diese Feststellung auch für Schlitzschrauben Geltung hat, wäre noch zu untersuchen.

Eine oft nur geringe Änderung der Klemmlänge zwischen Schraubenkopf und Muttergewinde in der Schraubverbindung kann erhebliche Abnahme der Verspannung und eine Lockerung der Verbindung bedeuten. Bei einer Einspannlänge von 20 mm bewirken 0,01 mm Abstandänderung bereits einen Spannungsabfall von 10 kg/mm^2. Diese wird weniger durch zu geringe Reibung als vielmehr durch "Setzen" hervorgerufen. Daher muß bei den Gleitflächen sowohl bei der Schraube als auch bei der Auflage für eine hochwertige Oberfläche gesorgt werden. Fein gedrehte Oberflächen ergeben die günstigsten Reibwerte. Gewinderollen nach dem Vergüten ist eine Gewähr für gute und glatte Oberflächen.

Als Schmiermittel wirkt Öl wegen der vergleichsweise großen Flächenpressungen nicht immer und würde weggedrückt werden. Beispielsweise traten bei hochfesten Schrauben bei über 100 kg/mm^2 Drücke von mehr als 10 000 at auf.

Eine Einengung der Streubereiche kann durch phosphatierte Oberflächen, insbesondere durch galvanisch aufgebrachte Metallüberzüge erreicht werden.

Die aufgebrachten Schichten dürfen nicht so dick sein, daß durch Verhaken oder abgeriebene Schutzschichten erhöhte Reibung eintritt.

Beste Ergebnisse sind bisher erreicht worden, wenn nur eine der aufeinander reibenden Flächen mit einer Gleitschicht versehen wurde. Diese Schicht ist in der Regel nur bei der ersten Montage wirksam. Dieselbe Schraube darf also nicht mehrfach ein- und ausgeschraubt werden.

Bei Berechnung des Anziehmomentes werden die Kraftangriffstellen immer auf ebenes und genaues Aufliegen bezogen. Es muß aber damit gerechnet werden, daß der Schraubenkopf nur innen oder außen aufliegt. Das erforderliche Drehmoment schwankt nun durch ungenaue Auflage erheblich. (Ähnliche Schwankungen können auch im Gewinde verursacht werden, sind dort aber geringer.) Bei einer 10-K-Schraube kann bei der zulässigen Beanspruchung von 72 kg/mm^2 = 80 % der Streckgrenze das richtige Anziehmoment bei konstanter Reibung zwischen 7,4 und 10,7 kgm schwanken (Kopfauflage).

Um den Einfluß des Kraftangriffes am Schraubenkopf abzuschwächen ist eine Verkleinerung des Verhältnisses vom Kopfdurchmesser zum Schaftdurchmesser möglich. Durch Änderung einiger Schraubennormen konnte in dieser Richtung etwas erreicht werden.

Anderseits kann man die Schraube mit einem bewußt groß gewählten Kopf versehen und den Kraftangriffseinfluß beispielsweise dadurch einengen, daß man nur eine Ringfläche zum Tragen vorsieht. Dadurch sinkt die Streuung bei einem Kopfauflagedurchmesser von 1,8 Schaftdurchmesser von 80 % auf 20 %.

Nach Ansicht von HANCKE sei das erstrebenswerte Ziel, Einengung der Toleranzen für das Anziehmoment auf ein technisch erforderliches Maß, von Seiten der Schraubenhersteller nicht zu lösen, da die entsprechenden Gegenflächen nur sehr schwierig gegen ein Normal abzustimmen seien. Von Einfluß seien: Werkstoffart, Härte, Rauheit der Gegenflächen, Schmiermittel etc.

Schon die Bemühungen um Einengung der Toleranzen in bezug auf ein Normal würden für die Praxis beachtliche Fortschritte bringen, besonders im Hinblick auf die Fälle, in denen die Schraube mit einem bestimmten einstellbaren Drehmoment (Kraftschrauber) angezogen werden soll. Ein für alle Montagebedingungen gültiges Anziehmoment sei nicht zu verwirklichen.

Für den einzelnen Montagefall muß also das jeweilige Anziehmoment durch Versuche bestimmt werden. Hervorzuheben ist, daß die Reibwerte bei mehrmaligem Abziehen sich ändern, normalerweise kleiner werden; infolgedessen wird die Vorspannkraft größer, so daß die Streckgrenze überschritten werden kann.

Die Anwendung eines konstanten Anziehmomentes ist nur dann sinnvoll, wenn die Reibverhältnisse gleich bleiben. Dies ist in der Praxis aber schwer zu erfüllen. Um die Schwierigkeiten zu umgehen, ist man dazu übergegangen, die Gesamtlängung der Schraube bei der Montage zu messen oder den Verdrehwinkel zu berücksichtigen. Bei letzterem ist zu bedenken, daß durch starke Reibung im Gewinde eine Verdrehung des Schraubenschaftes möglich ist, ohne eine Verspannung erreicht zu haben. Eine Abweichung zwischen Laborwerten und solchen aus der Praxis ist ebenfalls dadurch gegeben, daß bei Versuchen oft, um einheitliche Bedingungen zu schaffen, gegen gehärtete Flächen angezogen wird, in der Praxis dagegen Flächen von verschiedenartigen Werkstoffen auftreten. Anziehmomentangaben sind daher Mittelwerte mit großen Abweichungen nach beiden Richtungen.

Um deutlich zu machen, welche Schwankungen beim erforderlichen Anziehmoment im ungünstigsten Falle eintreten können, seien in einem Beispiel die größmöglichen Abweichungen bei einem Bereich des Reibbeiwertes von

$$\mu_k = \mu_g = \mu = 0,1 \text{ bis } 0,4$$

angegeben:

Kleinstes Anziehmoment M_a min ($\mu = 0,1$) = 1,8 kgm
größtes Anziehmoment M_a max ($\mu = 0,4$) = 10,4 kgm.
(Vorspannkraft 1775 kg, Schraube M 10 DIN 931).
Es sind also Schwankungen von 1 : 5 denkbar.

Ebenso wichtig wie die Untersuchung der Schraubverbindungen ist aber die der hand- oder kraftbetätigten Schraubendreher. Dabei ist eine richtige Zuordnung von Schraubendreherklingen zu dem Schlitz und zu der Kopfform der Schraube zu beachten, und gegebenenfalls der Schraubendrehergriff dem maximal übertragbaren Anziehmoment anzupassen.

2. Die Schraubverbindung, grundsätzliche Erwägungen

Bei jeder Verschraubung, die nicht nur zur Befestigung von Teilen dient, sondern ruhende oder bewegliche Teile unter Druck zusammenfügen soll, strebt man an, die Anziehhöchstwerte auszunutzen.

Das durch den Schraubenschlitz zu übertragende Anziehmoment M_a gliedert sich in verschiedene Momente auf (Abb.1):

M_k Reibmoment zwischen Schraubenkopf und Kopfauflage,

M_t Torsionsmoment der Schraube,

M_g Reibmoment im Gewinde und Moment aus dem von der Gewindesteigung abhängigen Teil der Verspannung.

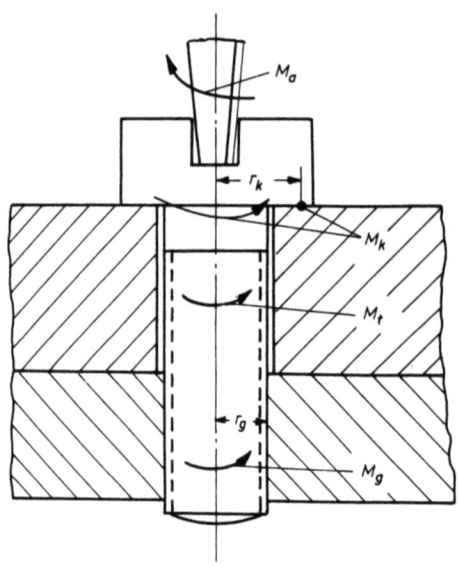

A b b i l d u n g   1

Momente an der Schraube

Das gesamte Anziehmoment muß von der Schraubendreherschneide über den Schraubenschlitz übertragen werden. Wie bei jeder Kupplung, so hängt das übertragbare Drehmoment auch bei der Paarung Schraubendreherschneide - Schraubenschlitz u.a. von den Flächen ab, in denen sich beide Kupplungsteile berühren.

Die Berührungsflächen sind jedoch wegen der verschiedenen Formen von Schraubendrehern, insbesondere bei den am häufigsten vorkommenden Ausführungen mit keilförmigen Schneiden recht unterschiedlich, abgesehen von dem vorhandenen Spiel zwischen Schraubenschlitz und Klingenschneide. Dementsprechend ergeben sich auch unterschiedliche Auswirkungen der Kräfte an der Schraubendreherschneide sowie am Schraubenkopf, die zunächst behandelt werden sollen.

2.1 Kräfte und ihre Auswirkungen an der Schraubendreherschneide

Die Verteilung der Kräfte bei der Schraubendreherklinge hängt einerseits ab von dem Spiel zwischen Klingenschneide und Schlitz, andererseits von dem Keilwinkel der Schraubendreherschneide. In der Praxis unterscheiden wir zwei Fälle bezüglich der Paarung zwischen bisher normalerweise konischer Schraubendreherschneide und parallelem Schlitz am ebenen Schraubenkopf:

1. Klingenschneide liegt in ihrer ganzen Breite an der parallelen Schlitzkante an.

2. Zwischen Klingenschneide und Schlitz des Schraubenkopfes besteht ein mehr oder weniger großes Spiel.

Im letzten Falle erfolgt die Berührung beim Ansatz der Schraubendreherschneide in einem Punkt bei jeder Schlitzkante.

In beiden Fällen kann jedoch das Anziehmoment nur dann übertragen werden, wenn die Linien- bzw. Punktberührungen sich durch den auftretenden Kräften an den Kontaktstellen entsprechende Deformation des Schraubenkopfes oder des Schraubendrehers zu Flächen erweitern. Dies sei an einem Beispiel erläutert. Das Anziehmoment für eine Schlitzschraube M 10 der Qualität 4 D betrage M_a = 1,7 kgm, die Schneidenlänge der Klinge l'=1,4 cm. Die an den Berührungsstellen wirkenden Kräfte ergeben sich dann zu $P = \frac{M_a}{l'}$ = 120 kg. Bei einer zulässigen Druckspannung von 60 kg/mm^2 würde eine Kontaktfläche von 2 mm^2 für die Übertragung dieser Kraft erforderlich sein. Die Flächen sind jedoch etwas größer, da die zur Übertragung des Drehmomentes erforderlichen Kräfte nicht in dem angenommenen Abstand

(= Schneidenlänge), sondern etwa in dem kleineren Abstand der errechneten Flächen-Schwerpunkte wirken. In vorliegendem Falle ergab sich theoretisch eine um 8 % kleinere wirksame Schneidenlänge von etwa 1,3 cm bzw. eine um ebenfalls etwa 8 % größere Kontaktfläche. In der Praxis ist die Fläche noch größer, da der durch Verformung entstandene Aufwurf des Schlitzes geringer beansprucht werden kann als der innerhalb des ursprünglichen Schraubenkopfes liegende Teil der Kontaktfläche.

Da die Schraubendreherschneide meist härter ist als der Schraubenkopf, muß sich der Schlitz an der Berührungsstelle entsprechend verformen. Bei parallelem Schlitz und konischer Schraubendreherschneide (z.B. Keilwinkel 10°) beginnt die Verformung zunächst an der Berührungsstelle der Schlitzkante; mit zunehmendem Anziehmoment wird der Werkstoff beim Schraubenkopf in den gezeichneten Richtungen nach oben und gegebenenfalls auch nach außen aufgeworfen. Es ergibt sich eine dreieckige Fläche (s.Abb.2).

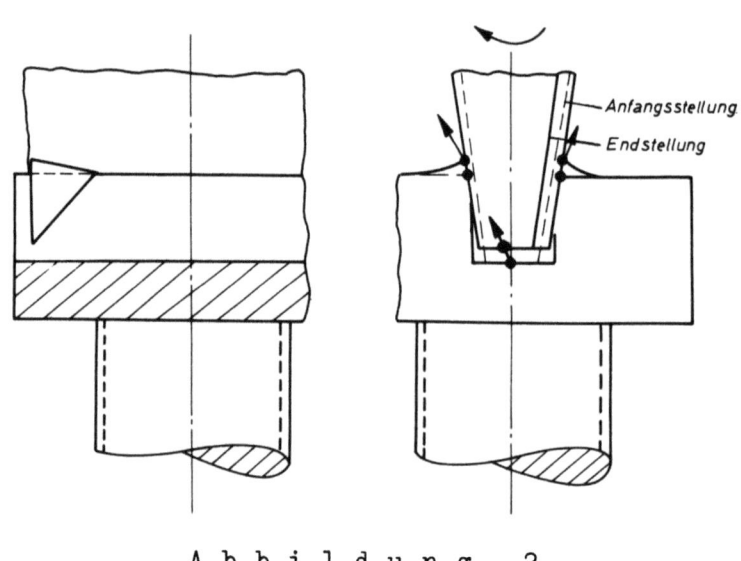

A b b i l d u n g   2

Verformung des Schraubenschlitzes

Da der Kraftschluß zwischen Schrauberklinge und Schraubenkopf an der Berührungsstelle sehr innig ist, wird die Schrauberschneide von dem weggedrückten Material durch die Reibung von der ideal dünn gezeichneten Ausgangsstellung mitgenommen und hebt sich von dem Schlitzgrund etwas ab.

Je nach Keilwinkel der Schraubendreherschneide und deren Oberfläche treten in der Regel zusätzliche Auswurfkräfte auf, die den Schraubendreher unverzüglich aus dem Schraubenschlitz hinausdrücken, wenn nicht der Andruck entsprechend vergrößert wird. Daher ist noch zu untersuchen, unter welchen Bedingungen zwischen Klingenschneide und Schlitz am Schraubenkopf Selbsthemmung eintritt. Da die Schraubendreher mittelmäßig bzw. fein bearbeitet sind, können wir annehmen, daß der Reibwert µ ca. 0,1 beträgt. Für diesen Fall ergibt sich nach Abbildung 3 folgendes Kräftebild, aus dem sich die aus dem Keilwinkel ß und dem Reibwert resultierende Auswurfkraft A berechnen läßt:

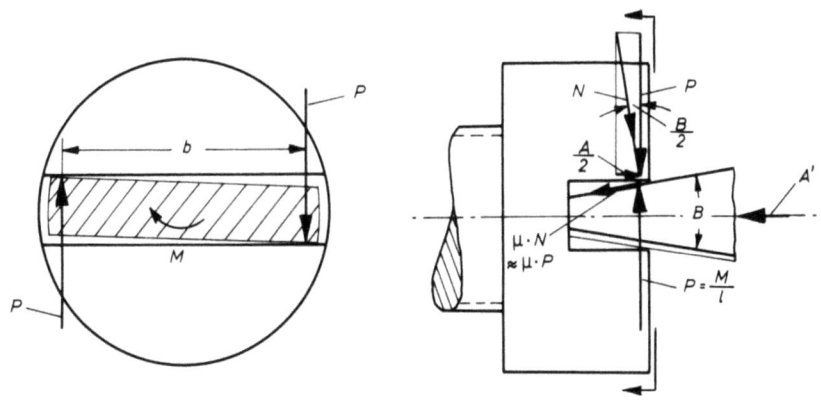

A b b i l d u n g   3

Kräfte am Schraubenschlitz

Da die Normalkraft N praktisch gleich P ist, wird

$$A = \frac{2 M_a}{l'} \left(\operatorname{tg} \frac{\beta}{2} - \mu \right) \tag{1}$$

Aus der Formel geht hervor, daß bei gegebenen Verhältnissen, also bestimmtem Anziehmoment M_a und bestimmter Schrauberschneidenlänge l' sich eine von dem Keilwinkel und dem Reibwert µ abhängige Auswurfkraft ergibt. Die Gleichung (1) umgeformt lautet:

$$\frac{A \cdot l'}{2 M_a} = \operatorname{tg} \frac{\beta}{2} - \mu$$

Der Quotient $\frac{A \cdot l'}{2 M_a}$ ist in Abbildung 4 dargestellt (für µ = 0; 0,1; 0,2). Die für die Praxis interessierenden Gerade µ = 0,1 schneidet die Null-linie bei ß = 11°, d.h. bei einem Keilwinkel von 11° wird der Klammerausdruck und damit die Auswurfkraft A = 0. Die Schrauberklinge wird in diesem Falle also nur auf Torsion, und damit geringer beansprucht, als wenn eine Auswurfkraft auftritt der ein Andruck A' entgegenwirken muß, ganz abgesehen davon, daß die physiologische Beanspruchung des Menschen im letzten Falle größer ist als bei nicht vorhandener Auswurfkraft.

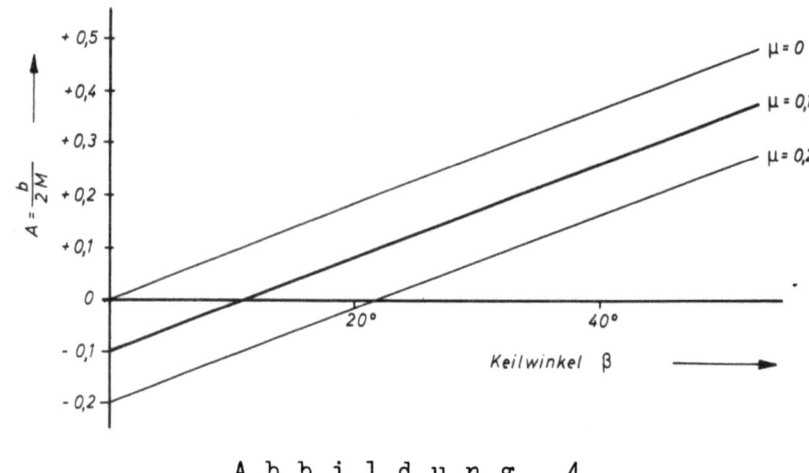

Abbildung 4

Einfluß vom Keilwinkel und vom Reibwert μ auf den Auswurffaktor $\frac{Al'}{2M_a}$

Bei kleinerem Winkel als 11° entsteht selbstverständlich auch keine Auswurfkraft. In diesem Falle ist jedoch der Querschnitt der Schrauberschneide ungünstiger beansprucht als bei größerem Keilwinkel. Die Schraubendreherschneide wird in jedem Falle je nach der Größe des zu übertragenden Anziehmomentes und je nach Querschnitt auf Torsion beansprucht, die eine mehr oder weniger große Verwindung hervorruft. Da bei den handelsüblichen Schraubendrehern nur die äußersten Kanten der Schneide die Kraft übertragen können, wirkt sich eine Verwindung so aus, als ob der Keilwinkel größer würde, so daß auch bei Schneiden mit ursprünglichen Keilwinkeln bis zu 11° eine Auswurfkraft entsteht. Besonders nachteilig wirken sich größere, bleibende Verwindungen der Schraubendreherschneide auf die Übertragbarkeit der Anziehmomente aus; sie rufen entsprechende Verformungen des Schraubenschlitzes hervor. Außerdem wird die Übertragung des zulässigen Anziehmomentes wegen der hohen Auswurfkräfte unmöglich. Für die Schraubendreherschneiden bedeuten Verwindungen im plastischen Bereich Überbeanspruchungen und den Anfang der Zerstörung.

2.2 Kräfte und ihre Auswirkung im Schlitz des Schraubenkopfes

Wie schon erwähnt, muß sich der parallele Schlitz am Schraubenkopf unter Verwendung von Schraubendrehern bisheriger Ausführungen bei dem zu übertragenden Anziehmoment verformen. Für charakteristische Fälle sind die Verformungen bei einer Zylinderschraube und einer Halbrundschraube in Abbildung 5 dargestellt, und zwar bei unterschiedlichen Formen der Schraubendreherschneide und des Schlitzes am Schraubenkopf. Deformationen des Schlitzes bei Senkschrauben entsprechen denen bei Zylinderschrauben.

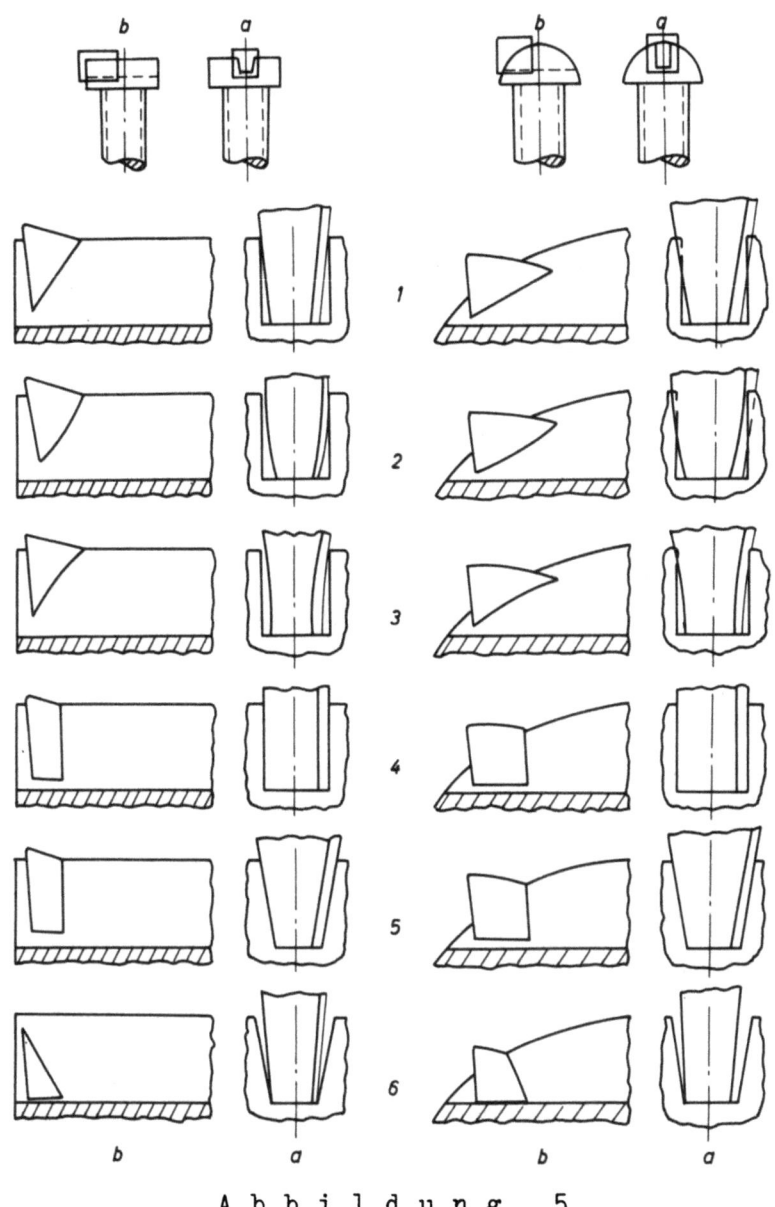

Abbildung 5

Verformung des Schlitzes bei Zylinder- und Halbrundschraube

Gleiche zu übertragende Anziehmomente erfordern bei Zylinderschrauben kleinere Druckflächen als bei Halbrundschrauben, da sich bei diesen infolge kleineren Abstandes der Druckflächenmittelpunkte größere Kräfte ergeben, die größere Flächen bedingen. Betrachten wir die Druckflächen, beispielsweise von Zylinderschrauben, die sich bei verschiedenen Schneidenformen ergeben, so sind die Deformationen des Schraubenschlitzes am kleinsten, wenn die Schraubendreherschneide den Kraftübertragungsflächen des Schlitzes angepaßt ist. Würde z.B. bei keilförmiger Ausführung des Schlitzes die Schraubendreherschneide so ausgeführt sein, daß die Berührung in der Nähe des Schlitzgrundes erfolgt, dann würde der Schraubenschlitz am wenigsten verformt.

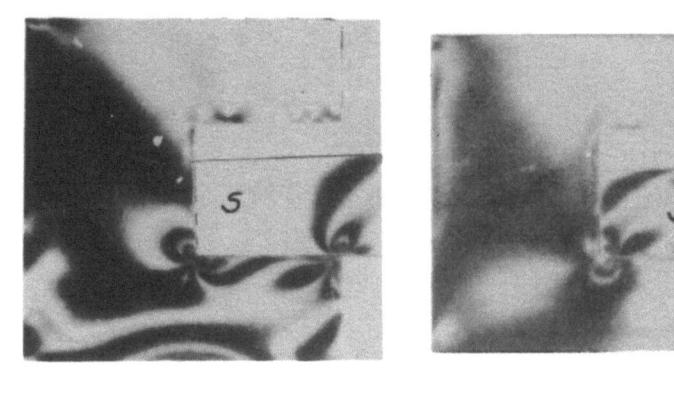 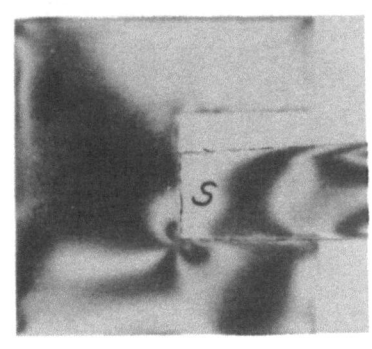

a)   b)   c)

Abbildung 6

Spannungsoptische Aufnahmen bei verschiedener Lage der Berührungsstelle
zwischen Schraubendreherschneide S und Schraubenschlitz

Über die Beanspruchung des gefährdeten Querschnittes im Schraubenkopf
geben spannungsoptische Aufnahmen (Abb.6) Aufschluß. In Abbildung 6a
erfolgt die Kraftübertragung an der äußeren Kante des Schlitzes. In der
Schlitzgrundecke entstehen Zugspannungen (Kerbwirkung), die insbesondere
bei Schrauben mit konischem Kopf zu beachten sind und zur Zerstörung des
Kopfes führen können. Günstiger ist die Beanspruchung, wenn die Kraftübertragung an der ganzen Schlitzfläche (Abb.6b) oder noch besser in der
Nähe der Schlitzgrundecke erfolgt und somit die Kerbwirkung erheblich
(spannungsoptisch um eine Ordnung = halbe Beanspruchung) geringer ist
als im Falle Abbildung 6a.

2.3 Spannungs- und Reibverhältnisse in der Schraubverbindung

Wie aus der Auswertung bisheriger Literatur hervorgeht, werden von dem
gesamten Anziehmoment nur 15 bis 20 % in Verspannung, den eigentlichen
Nutzeffekt, umgesetzt. Der mit großen Streuungen behaftete Anteil der
Reibung im Kopf und im Gewinde beträgt etwa 80 %, also durchschnittlich
das Vierfache des ausnutzbaren Arbeitseffektes. Die Reibung brauchte an
sich nur 5 % der Verspannung zu betragen, um bei ruhend durch unveränder-
liche Kräfte beanspruchte Schrauben, die also keinen Erschütterungen oder
Wechselbeanspruchungen ausgesetzt werden, wie z.B. in Bauwerken, Selbsthemmung zu erzielen. Für diese Art von Schrauben gelten die nachstehenden Betrachtungen über die Reibverhältnisse.

Im Rahmen dieser Forschungsaufgabe würde es zu weit führen, auch dementsprechende Versuche an wechselbeanspruchten Schraubverbindungen durchzuführen. Gelänge es, nur die Kopfreibung beträchtlich herabzusetzen, dann würde bereits der Nutzeffekt bzw. die Verspannung erheblich erhöht werden, u.U. könnte die nächst kleinere Schraube für den gleichen Zweck verwendet werden.

Die Reibung und Spannungsverhältnisse in der Schraubverbindung sind u.a. von HANCKE und MUTH untersucht worden. Ergänzend soll eine Betrachtung über die Änderung der Verspannung infolge Änderung der Reibung am Kopf und im Gewinde angestellt werden. In den folgenden Formeln ist das Anziehmoment M_a der Einfachheit halber mit M bezeichnet. Es ergeben sich gemäß Abbildung 1 folgende Beziehungen.

Das Anziehmoment M ist erforderlich zur Überwindung des Reibmomentes am Schraubenkopf M_k, des Torsionsmomentes M_t und des Momentes im Gewinde M_g. Das Torsionsmoment ist höchstens so groß wie das Moment im Gewinde und bewirkt keine Vergrößerung vom Anziehmoment sondern nur eine Vergrößerung der aufgewandten Arbeit bzw. des Drehwinkels. Somit wird:

$$M = M_k + M_g \tag{2}$$

In diesem Zusammenhang wird darauf hingewiesen, daß bei Schrauben der Qualität 4 S eine merkliche bleibende Verdrehung schon vor Erreichen des zulässigen Anziehmomentes festgestellt wurde. Beispielsweise trat bei einer Zylinderschraube M 10 DIN 84 Qualität 4 S eine bleibende Verdrehung schon bei 0,65 kgm ein, während das Anziehmoment bei Ausnutzung der Streckgrenze 2,5 kgm, also etwa das Vierfache betragen darf.

Das Moment M_g im Gewinde setzt sich zusammen aus dem Reibmoment M_r und dem Moment M_v aus der Verspannungskomponente:

$$M_g = M_r + M_v \tag{3}$$

bzw. wenn die Momente durch Kräfte und zugehörige Hebelarme ersetzt werden:

$$P_g \cdot r_g = P_r \cdot r_g + P_v \cdot r_g \tag{4}$$

Daraus ergibt sich für die im Gewinde wirkenden Kräfte

$$P_g = P_r + P_v \tag{5}$$

Zwischen der Verspannkraft V und der als Moment wirkenden Komponente P_v besteht die Beziehung

$$P_v = tg\alpha \cdot V \qquad (6)$$

Da der Steigungswinkel α bei den Schrauben höchstens $3°$ beträgt (tg $3°$ = 0,05), ergeben sich Vereinfachungen in dem Ansatz von Gleichungen für die Berechnung der durch Reibung im Gewinde hervorgerufenen Kräfte bzw. Momente. Es ist das Reibmoment P_r mit hinreichender Genauigkeit

$$P_r = \mu \cdot V \qquad (7)$$

Nach bisherigen Arbeiten liegt μ zwischen 0,1 und 0,5. Dementsprechend ergibt sich nach Gleichungen (5) bis (7):

$$P_g = (\mu + tg\alpha) \cdot V = (0,15 \text{ bis } 0,55) \cdot V \qquad (8)$$

Da $M_g = r_g \cdot P_g$ ist, wird

$$M_g = r_g \cdot (\mu + tg\alpha) \cdot V \qquad (9)$$

Setzen wir den aus nachstehenden Versuchen gefundenen Wert $M_k = M_g$ in Gleichung (2) ein, so erhalten wir für diesen häufigsten Fall

$$M_1 = 2 M_g \qquad (10)$$

und unter Berücksichtigung von Gleichung (9)

$$M_1 = 2 \cdot r_g \cdot (\mu + tg\alpha) \cdot V \qquad (11)$$

Es wäre nun zu untersuchen, wie sich Änderungen der Reibwerte auf die Anziehmomente und auf die Verspannungen auswirken.

Bei Änderungen des Reibwertes am Schraubenkopf um den Faktor x würde die Gleichung (2) folgendermaßen abzuwandeln sein:

$$M_x = M_k \cdot x + M_g = M_g \cdot x + M_g$$

$$M_x = M_g \cdot (x + 1) \qquad (12)$$

Dividiert man die Gleichung (12) durch Gleichung (10), so ergibt sich

$$M_x = \frac{x + 1}{2} M_1 \qquad (13)$$

Würde sich der Reibwert am Schraubenkopf beispielsweise um den für die Praxis verhältnismäßig großen Betrag von 50 % bzw. x = 0,5 verringern, was mit einfachen Mitteln, wie Schmierung, Unterlegscheiben, besondere Kopfformen etc. kaum zu erreichen wäre, so ergäbe sich ein Anziehmoment M_x = 0,75 M_1 bzw. eine Verkleinerung des Anziehmomentes um nur etwa 25 %.

Allgemein gilt:

Ändert sich die Kopfreibung um einen bestimmten Faktor in positivem und negativem Sinne, so ändert sich das Anziehmoment etwa nur um die Hälfte des Faktors, wenn gleiche Verspannung erzielt werden soll.

Ähnliche Betrachtungen wie für den Reibwert am Schraubenkopf sollen nun für Änderungen des Reibwertes im Gewinde (μ_g) angestellt werden; das Moment im Gewinde M_g setzt sich gemäß Gleichung (3) aus dem Reibmoment $M_r = P_r \cdot r_g$ und der Komponente $M_v = P_v \cdot r_g$ der Verspannung zusammen (vgl. Gl.(4)).

Man kann M_r und M_v durch M_g ausdrücken:

$$M_g = r_g \cdot \mu \cdot V + r_g \cdot tg\alpha \cdot V \qquad (14)$$

Hierzu setzt man zunächst P_v und P_r aus Gleichung (6) und (7) in vorstehende Gleichung ein und erhält:

$$M_r = r_g \cdot \mu \cdot V \quad \text{und}$$
$$M_v = r_g \cdot tg\alpha \cdot V$$

Durch Division beider Gleichungen wird:

$$M_r : M_v = \mu : tg\alpha$$

Daraus ergibt sich $M_r = M_v \cdot \mu/tg\alpha$ und in Gleichung (3) eingesetzt:

$$M_g = (\mu/tg\alpha + 1) M_v \qquad (15)$$

oder

$$M_v = \frac{M_g}{\mu/tg\alpha + 1}$$

Nach Gleichung (10) können wir setzen $M_g = M_1/2$.

Somit kann Gleichung (15) auch geschrieben werden:

$$\frac{M_1}{2} = \frac{\mu}{tg\alpha} \cdot \underbrace{\frac{\frac{M_1}{2}}{\mu/tg\alpha + 1}}_{M_r} + \underbrace{\frac{\frac{M_1}{2}}{\mu/tg\alpha + 1}}_{M_v}$$

oder vereinfacht

$$M_1 = \frac{\mu}{tg\alpha} \cdot \frac{M_1}{\mu/tg\alpha + 1} + \frac{M_1}{\mu/tg\alpha + 1} \qquad (16)$$

Nimmt man an, daß sich das Reibmoment im Gewinde (M_r) bei konstantem Kopfreibmoment um den Faktor y ändert, so ergibt sich nach Gleichung (16)

$$M_y = M_r \cdot y + M_v$$

$$M_y = \frac{\mu}{tg\alpha} \cdot \frac{M_1 \cdot y}{\mu/tg\alpha + 1} + \frac{M_1}{\mu/tg\alpha + 1} \qquad (17)$$

Um diese Gleichung darstellen zu können, muß man für μ und in der Praxis vorkommende Werte einsetzen, wie es beispielhaft in nachstehender Tabelle geschehen ist:

μ	= 0,3	0,2	0,2	0,1
α	= 3°	2°	1°	2°
$tg\alpha$	= 0,05	0,035	0,017	0,035
$\mu : tg\alpha$	= 6 : 1	6 : 1	10 : 1	3 : 1

Das Verhältnis $\mu : tg\alpha = 6 : 1$ stellt einen Durchschnittswert dar, den wir in Gleichung (17) einsetzen:

$$M_y = \frac{6}{1} \cdot \frac{M_1}{6 + 1} \cdot y + \frac{M_1}{6 + 1} = \left(\frac{6}{7} \cdot y + \frac{1}{7}\right) M_1 \qquad (18)$$

Diese Gleichung ist ebenfalls in Abbildung 7 eingetragen, und zwar als punktierte Kurve.

Bei einer gleichen Verringerung des Reibwertes um 50 % (entsprechend dem Beispiel für die Kopfreibung) würde sich eine Verringerung des Anziehmomentes um 43 % ergeben gegenüber 25 %, wenn sich nur das Reibmoment am Schraubenkopf verringern würde.

Allgemein gilt:
Ändert sich die Reibung im Gewinde um einen bestimmten Faktor, so ändert sich das Anziehmoment fast im gleichen Maße, wenn gleiche Verspannung erzielt werden soll.

Wie wirken sich gleichzeitige und gleichsinnige Veränderungen der Reibwerte am Schraubenkopf und im Gewinde aus?

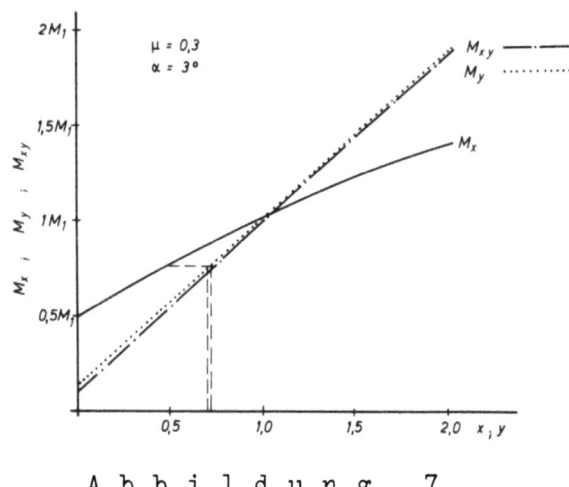

Abbildung 7

Anziehmomente (M_x; M_y; M_{xy}) in Abhängigkeit von Änderungen der Reibwerte am Schraubenkopf (x) und im Gewinde (y)

Nach den Gleichungen (2) und (3) ist:

$$M = M_k + M_r + M_v \qquad (19)$$

Ändern sich die Reibwerte am Schraubenkopf um den Betrag x und im Gewinde um den Betrag y, so lautet die Gleichung:

$$M_{xy} = M_k \cdot x + M_r \cdot y + M_v \qquad (20)$$

Ersetzt man nun M_k, M_r und M_v durch die aus den Gleichungen (12) bzw. (13) sowie (16) ermittelten Werte von M_1, so erhält man:

$$M_{xy} = \frac{M_1}{2} x + \frac{\mu}{tg\alpha} \cdot \frac{\frac{M_1}{2}}{\mu/tg\alpha + 1} \cdot y + \frac{\frac{M_1}{2}}{\mu/tg\alpha + 1} \qquad (21)$$

Um diese Gleichung darstellen zu können, setzt man für $\mu/tg\alpha$ Durchschnittswerte analog Gleichung (18) ein und erhält:

$$M_{xy} = \frac{M_1}{2} x + 6 \cdot \frac{\frac{M_1}{2}}{6 + 1} \cdot y + \frac{\frac{M_1}{2}}{6 + 1}$$

vereinfacht:

$$M_{xy} = \frac{M_1}{2} \left(x + \frac{6}{7} \cdot y + \frac{1}{7} \right) \qquad (22)$$

Diese Gleichung ist ebenfalls in Abbildung 7 dargestellt, und zwar als Strich-Punkt-Kurve. Im nachstehenden Beispiel sollen sich die Reibwerte gegenüber dem Normalfall am Schraubenkopf und im Gewinde um den gleichen

Faktor $x = y = 0,5$ bzw. um 50 % verringern. Für diesen Fall ergibt sich $M_{xy}=0,54\ M_1$. Vergrößern sich beide Faktoren auf $x=y=1,5$ bzw. um 50 % so ergibt sich $M_{xy} = 1,4\ M$, d.h. bei gleichzeitiger und gleichsinniger Veränderung der Reibwerte im Gewinde und am Schraubenkopf ändern sich zur Erzielung derselben Verspannung auch die Anziehmomente fast im gleichen Verhältnis.

Aus den Diagrammen geht hervor, daß einerseits die Kurven $(M_y;\ M_{xy})$, die sich bei Änderung der Reibung im Gewinde sowie bei gleichzeitiger Änderung der Reibung am Schraubenkopf und im Gewinde ergeben, in dem mittleren für die Praxis infrage kommenden Bereich nahezu übereinstimmen, und daß diese erheblich von der Kurve M_x bei Änderung der Kopfreibung abweichen. Es ist also vorteilhafter, nicht die Reibung am Schraubenkopf, sondern im Gewinde herabzusetzen. Für vorliegendes Beispiel läßt sich die gleiche Verspannung durch Herabsetzung des Anziehmomentes von 100 % auf 75 % erzielen, wenn man entweder die Kopfreibung um 50 % oder die Reibung im Gewinde um 30 % oder gleichzeitig die Reibung im Schraubenkopf und im Gewinde um je ca. 25 % verringert.

Ähnliche Überlegungen ergeben sich bei Vergrößerungen der Reibwerte. Wenn man annimmt, daß die Reibwerte in der Praxis nur um $\pm$ 20 % schwanken würden, so würden auch die mit gleichem Anziehmoment erzeugten Verspannungen wegen der Proportionalität zwischen Anziehmoment und Verspannung (vgl. Gl.(10)) ebenfalls etwa um $\pm$ 20 % schwanken; für die Extremfälle würden sich also die Verspannungen etwa verhalten wie 1 : 1,5.

Diese Überlegungen spielen besonders eine Rolle beim Anziehen von Schrauben mit Drehmomentschlüsseln oder mit Kraftschraubern, die auf bestimmte Höchstmomente eingestellt werden. Wegen der Schwankungen des Reibwertes sind einerseits Überbeanspruchungen der Schrauben nicht immer vermeidbar, andererseits braucht eine ausreichende Verspannung nicht erreicht zu werden. Daher muß die Einengung der Toleranzen für Reibwerte zur Erzielung einer gleichmäßigen Verspannung insbesondere beim Anziehen von Schrauben mit Kraftschraubern angestrebt werden, und zwar wäre die Einengung der Toleranz für die Reibung am Schraubengewinde am wirkungsvollsten und technisch auch am sichersten durchzuführen.

Bei Schrauben, die starken Erschütterungen ausgesetzt sind, wäre jedoch zu untersuchen, ob die Herabsetzung der Reibung nicht ein leichteres Lockern von nicht gesicherten Schrauben zur Folge hat. Bei Verwendung von Schraubensicherungen dürfte sich die Herabsetzung der Reibung aber günstig auswirken. In diesem Zusammenhang sei erwähnt, daß bei Schrauben, die mehrfach angezogen und gelöst werden müssen, vielfach Schmiermittel zur Verhinderung des Festfressens verwendet werden, womit eine gewisse Herabsetzung der Reibung verbunden ist.

3. Abgrenzung der Aufgabe

Wegen der verschiedenen Ausführungsformen von Schrauben und der verschiedenen Güteklassen einerseits und wegen des großen Verwendungsbereiches (M 3 bis M 30) andererseits war es erforderlich, das Programm einzuengen. Untersucht werden Zylinder-, Halbrund- und Senkschrauben mit Längsschlitz nach DIN 84, 85, 87 und 63, Güteklasse 4 S, 5 D und 8 G sowie Kreuzschlitzschrauben M 3, M 4, M 6 und M 8, Güteklasse 4 S und 8 G und selbstschneidende Blechschrauben. Als Schraubenkopfunterlage kommen gedrehte Oberflächen (mit kreisrunden Riefen) und gehobelte Oberflächen (mit parallelen Riefen) infrage, ferner gewalzte Oberflächen.

4. Untersuchung

4.1 Untersuchung der von Hand auf verschiedene Grifformen übertragbaren Drehmomente

Mit einem einfachen Prüfgerät wurden die Handmomente bei verschiedenen Schrauberdreherklingen und verschiedenen Personen gemessen. Das Prüfgerät (Abb. 8) besteht im wesentlichen aus einem Torsionsstab, an dessen freiem Ende sich ein Vierkantloch zur Aufnahme von Einsätzen mit verschiedenen Schraubenköpfen befindet.

Die Einsätze für M 3, 4, 6, 8, 10 sind auf einer Revolverscheibe angeordnet. Das Drehmoment ist mit dem Verdrehungswinkel des Torsionsstabes proportional; der Winkel bzw. das Drehmoment wird an einer Meßuhr abgelesen.

In Abbildung 9 sind die Meßergebnisse dargestellt. Für jede Person ist ein besonderes Zeichen gewählt worden. Die obere Abbildung enthält die übertragbaren Anziehmomente, die man mit trockener Hand übertragen kann, im unteren Diagramm sind die Anziehmomente für feuchte Hände dargestellt, und zwar über den als Halbmesser gezeichneten Grifformen für Kunststoffgriffe (18, 27, 31 mm ⌀) und für einen Holzgriff (32 mm ⌀).

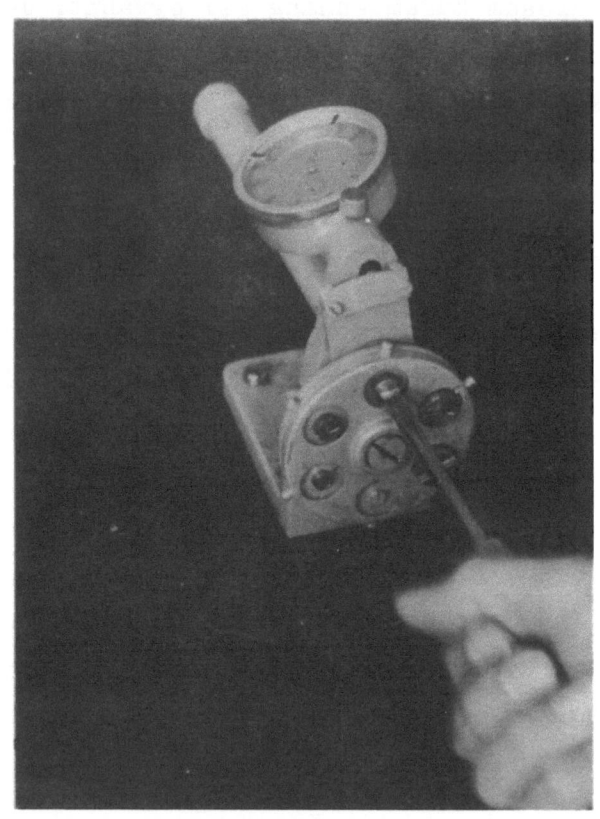

A b b i l d u n g   8

Handmomentprüfer für Schraubendreher

Die zulässigen Anziehmomente für die den verwendeten Griffdurchmessern entsprechenden Klingen liegen bei den größeren Schrauben weit über den von Hand übertragbaren Momenten. Bei kleinen Schraubendurchmessern werden die Höchstanziehmomente von Hand übertragen.

Die Streuungen der Anziehmomente sind bei großem Griffdurchmesser größer als bei kleinem Griffdurchmesser. Beispielsweise wurden beim Schraubendrehergriff von ca. 31 mm Ø Anziehmomente von 40 bis 80 kgcm festgestellt, während diese beim Durchmesser von 18 mm 5 bis 20 kgcm betrugen.

Zwischen Holz- und Kunststoffgriffen mit 32 bzw. 31 mm Ø besteht bezüglich der mit trockener Hand übertragbaren Anziehmomente (ca. 70 kgcm im Durchschnitt) kein Unterschied, während man bei feuchter Hand mit dem Holzgriff im Durchschnitt höhere Momente (75 kgcm) übertragen kann.

Offenbar ist die Oberflächenbehandlung des Holzes (Lackschicht) für die Haftung der Hand, insbesondere bei feuchter Hand, geeigneter, als die Kunststoffoberfläche.

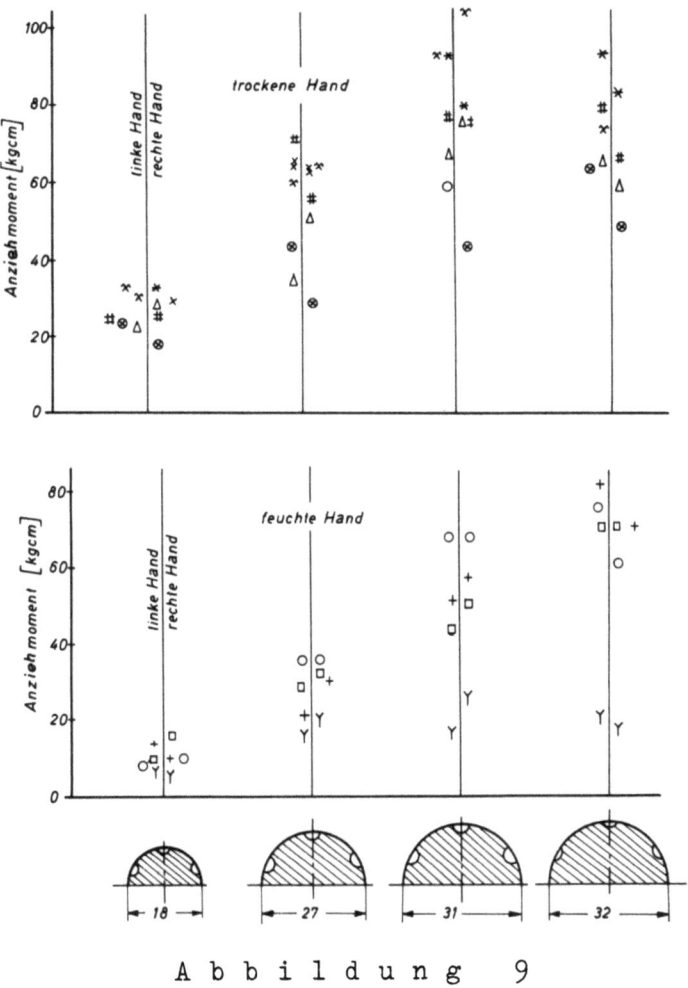

Abbildung 9

Von Hand übertragbare Drehmomente bei verschiedenen
Personen und Schraubendrehergriffen

4.2 Gebräuchliche Formen von Schraubendreherklingen und Schraubenköpfen

Um für die Versuche die Schraubendreherklingen und Schraubenköpfe in den üblichen Ausführungen zu verwenden, wurden Klingen- und Schraubenkopfformen von verschiedenen Fabrikaten untersucht.

Es sind vier Grundformen der Schraubendreherschneide zu unterscheiden (Abb.10):

Die konische Form a, die ballige (konvexe) Form b, die parallele genormte Form c, die hohe (konkave) Form d.

Die scheinbar beste Anpassung an Schrauben mit parallelem Schlitz wird mit Schraubendreherschneiden der Form c mit parallelen Schneiden erreicht. Während diese Form ein Mindestpassungsspiel (vgl. DIN 5270) zwischen dem parallelen Schraubenschlitz und der Schraubendreherschneide verlangt, ist dies bei anderen z.B. konischen Schneiden nicht erforderlich, d.h. letzte

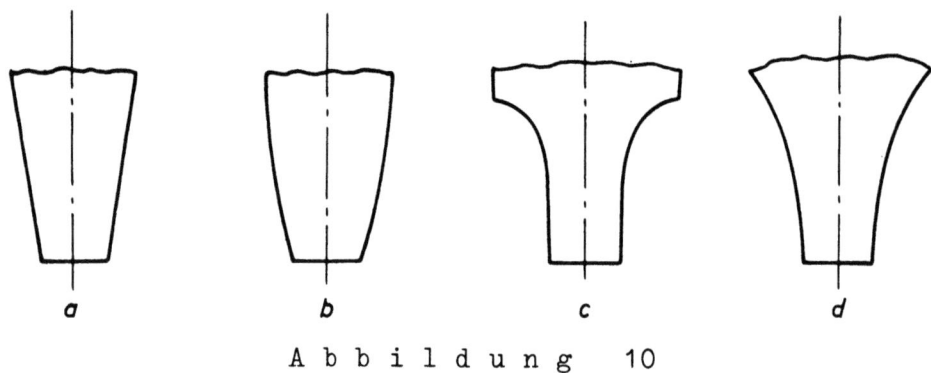

Abbildung 10

Grundformen von Schraubendreherschneiden

können in dem für die Beanspruchbarkeit entscheidenden Schneidenquerschnitt größer sein. Unter anderem sind vermutlich auch aus diesem Grunde weit mehr Schraubendreher der Formen a, b und d in der Praxis im Gebrauch als die genormten der Form c.

Wenn auch nach den Schraubennormen für gleiche Gewindedurchmesser die Schlitzbreiten gleich sind, so ergeben sich wegen der unterschiedlichen Kopfform unterschiedliche Schlitztiefen und nutzbare Schlitzlängen.

Bisher hat man die Schraubendreherschneiden den verschiedenen Schraubenkopfformen angepaßt. Die Mittel- und Extremwerte für die untersuchten Größen, passend zu Schrauben M 3, M 4, M 6 und M 10, sind in Tabelle 1 eingetragen und in Abbildung 11 dargestellt. Wegen der verschiedenen Schneidenformen schwanken die unmittelbar an den Schneiden gemessenen Dicken bis zu 25 %, die Schneidenlängen bis zu 20 %.

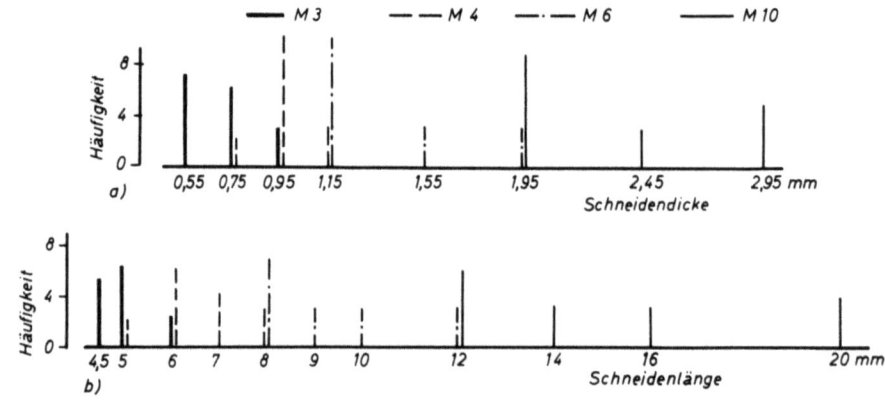

Abbildung 11

Häufigkeit der gemessenen Schneidendicken a) und -längen b)
von Schraubendrehern

Geringere Unterschiede ergaben sich wegen der unterschiedlichen Keilwinkel an der Wirkstelle von Klingenschneiden, d.h. an der Berührungsstelle der Klingenschneide mit der Schlitzkante. Die an diesen Stellen gemessenen Keilwinkel liegen zwischen 0 und 20°.

<u>Tabelle 1</u>

Schraubendreher: Dicke n' und Länge l' der nachgemessenen Schneiden

	M 3		M 4		M 6		M 10	
n'	0,55	0,75	(0,75)	0,95	1,15	1,55	1,95	2,45
l'	4,5	5	(5)	6	7	8	9	10

Aus der Darstellung und aus Tabelle 1 geht hervor, daß bei Schraubendrehern für die untersuchten Schrauben je Gewindedurchmesser zwei unterschiedliche Schneidendicken von nicht genormten, jedoch handelsüblichen Schraubendrehern häufig vorkommen.

Durch die unterschiedliche Kopfform gibt es Schrauben verschiedener Gewindedurchmesser mit gleicher nutzbarer Schlitzlänge; bei dem kaum auffallenden Dickenunterschied der Schraubendreherschneiden an der Wirkstelle ist es daher unvermeidbar, das für verschiedene Gewindedurchmesser bestimmte Schraubendreher mit gleicher Schneidenlänge, z.B. für Zylinderschrauben M 3, auch für Schrauben M 4 mit kleinem Senkkopf (DIN 63) oder für Halbrundschrauben M 3,5 bzw. M 4 (DIN 86) verwendet werden.

Es soll hierbei der Fall des unsachgemäßen Einsatzes nicht betrachtet werden, nämlich daß man mit einem Schraubendreher für einen bestimmten Gewindedurchmesser auch größere Gewindedurchmesser derselben Schraubentype anziehen kann.

Bedingt durch die Vielzahl der Schraubenkopfformen (nutzbare Schlitzlänge, Schlitztiefe und -breite) und der unterschiedlichen Ausführung von Schraubendreherschneiden (Form a, b, c, d) stehen in der Praxis nicht immer für jeden Schraubenkopf passende Schraubendreher zur Verfügung. Infolgedessen ist das Spiel zwischen Schraubendreherschneide und Schlitz im Schraubenkopf unterschiedlich und eine optimale Anpassung kaum zu erreichen, die erforderlich wäre, wenn die Schraubenschlitze nur geringe Verformungen aufweisen sollen.

Daß selbst bei genormten Schraubendrehern Überlappungen unvermeidbar sind, geht aus Tabelle 2 hervor, in der für die Schlitzschrauben M 3 bis M 10 die für Schraubendreher nutzbare Schlitzlänge (l) für Schraubendreher,

die Schlitzbreite (n) und die Schlitztiefe (t) dargestellt wurden, und
zwar für Zylinderschrauben nach DIN 84, Halbrundschrauben nach DIN 86
und Senkschrauben mit großem Kopf nach DIN 87 und mit kleinem Kopf nach
DIN 63. Außerdem wurden die nutzbaren Schlitzlängen (l) bei Schrauben
verschiedener Fabrikate nachgemessen und die Mittelwerte in die gleiche
Tabelle eingetragen.

<u>T a b e l l e   2</u>

Schlitzschrauben

M	3	3,5	4	5	6	8	10	Art der Schraube
n	0,8	0,8	1	1,2	1,6	2	2,5	DIN 84, 86, 87, 63
l t	5,3 1	5,8 1,2	6,7 1,4	8,7 1,7	9,6 2	12,6 2,5	15,5 3	Zylinderschraube DIN 84
l t	4,2 1,3	4,6 1,5	5,5 1,7	7,2 2,2	8,1 2,5	10,3 3	12,7 3,7	Halbrundschraube DIN 86
l t	4,1 0,9	4,5 1,1	5,4 1,2	6,8 1,5	8,0 1,8	10,8 2,5	13,9 3	Senkschraube mit großem Kopf DIN 87
l t	3,8 0,8	4,4 0,8	5,0 1	6,4 1,2	6,9 1,4	9,2 1,7	11,3 2,2	Senkschraube mit kleinem Kopf DIN 63
n	0,6 0,8 1		(0,8) 1 1,2		1,2 1,6 2		2) 2,6) 3)	DIN 84) DIN 86) Meßwerte DIN 87)
d_1	2,35		3,09		4,7		8,06	für Schrauben DIN 84, 86, 87, 63

d_1 Kerndurchmesser,   l Schlitzlänge, nutzbare,
n Schlitzbreite,   t Schlitztiefe.

Bei den untersuchten Senkschrauben mit großem Kopf nach DIN 87 sind die
Nennschlitzlängen (= Kopfdurchmesser) zwar größer als bei Zylinderschrauben und Halbrundschrauben, die für Schraubendreher nutzbare Breite b
jedoch kleiner, insbesondere bei Senkschrauben mit kleinem Kopf. Die genormten Schlitzbreiten nach DIN 84, 86, 87 und 63 sind gleich, die nachgemessenen dagegen schwanken um 20 bis 66 %, die genormten Schlitztiefen
um 24 bis 40 %.

Aus der Tabelle 2 ist zu entnehmen, daß Schraubendreher, die beispielsweise für Zylinderschrauben DIN 84 M 3 bestimmt sind, auch in Schlitze
für Halbrundschrauben DIN 86 M 3,5 und M 4 und Senkschrauben mit großem
Kopf DIN 87 M 4 hineinpassen; ebenso kann ein Schraubendreher für Zylinder-

schrauben M 4 für Senkschrauben mit großem Kopf DIN 87 M 5 und für Senkschrauben mit kleinem Kopf DIN 63 M 5 und M 6 verwendet werden. Es ist also möglich, daß Schraubendreher für einen bestimmten Gewindedurchmesser auch für Schrauben eingesetzt werden können, die nicht nur um eine, sondern um zwei Gewindestufen größer sind. In diesen Fällen werden Schraubendreher bei Ausnutzung der zulässigen Anziehmomente für Schrauben überbeansprucht. Die Schneiden verwinden sich oder brechen und beschädigen dadurch die Schraubenköpfe.

Bei nicht genormten Schraubendrehern mit keilförmig ausgebildeten Schneiden ist die Überlappungsmöglichkeit zwar größer, die Bruchgefahr kann aber wegen des vergleichsweise größeren Querschnittes an der Wirkstelle jedoch kleiner als bei genormten Schraubendrehern sein.

Aus den Zahlenwerten für Schraubendreher und Schrauben (Tab. 1 und 2) geht hervor, daß normalerweise nicht Linienberührung zwischen Schraubendreher und Schraubenschlitz beim Einsetzen des Schraubendrehers, sondern die noch ungünstigere Punktberührung in der Praxis eintritt. Es ist also bei parallelem Schraubenschlitz und Schraubendreherschneiden mit nicht nach dem Schaft zu gleichbleibendem Querschnitt z.B. bei keilförmigen oder balligen Schneiden mit je nach dem zu übertragenden Anziehmoment mehr oder weniger großen Deformationen des Schraubenschlitzes zu rechnen. Diese Erkenntnis spricht allein schon für eine bessere Anpassung zwischen Schraubenkopfform und Schraubendreherklinge.

4.3 Untersuchung der Drehmomente und Auswurfkräfte bei handelsüblichen Schrauben und Schraubendrehern

4.31 Prüfgerät

An das Prüfgerät werden folgende Anforderungen gestellt:

1. Drehmomentmessung von 0 bis 60 kgm
2. Messung der Auswurfkraft bis 100 kg
3. Messung des Auswurfweges
4. Auswechselbarkeit der Einsätze für Schrauben bzw. Schraubenkopfformen
5. Einspannmöglichkeit für Schraubendreher und Klingen.

Die ursprüngliche Forderung "Messung des Torsionswinkels" hat sich nach Voruntersuchungen als belanglos herausgestellt, da dieser bei Torsion der Schraubendreherschneide im elastischen Bereich vergleichsweise gering ist, während er im plastischen Bereich schon bei geringfügiger Steigung des Anziehmomentes so groß wird, daß der Schraubendreher aus dem Schlitz herausgeworfen wird. Es konnte auf diese Messung verzichtet werden.

Abbildung 12

Leistungsprüfgerät für Schraubendreher und Schraubenköpfe

Abbildung 12 zeigt das Prüfgerät für Drehmoment und Auswurfkraft und -weg. Der Grundkörper besteht aus einem Drehbankbett (1) mit zwei Schlitten, und zwar trägt Schlitten (2) die im wesentlichen aus einem Torsionsstab bestehende Drehmomentmeßeinrichtung (3). Am freien Ende des Torsionsstabes befindet sich eine Hülse (4) zur Aufnahme von kompletten Schraubendrehern mit Griff und zur Aufnahme von Kupplungsstücken für Schraubendreherklingen. Die Griffe sowohl wie die Kupplungsstücke werden mit 3 um 120° auf der Hülse versetzte Schrauben festgeklemmt.

Die Torsion des Stabes ist dem durch eine Handkurbel über einen Schneckentrieb aufgebrachten Drehmoment proportional und wird an einer Meßuhr (5) mit 1/100 Skalenteilung abgelesen (1 Skalenteil = 0,02 kgm).

Der zweite Schlitten (6) trägt die Antriebseinrichtung mit dem Futter (7) für die auswechselbaren Einsätze (8), und zwar einerseits für Schrauben und Muttern - vorzugsweise zur Prüfung von Schrauben bei Verwendung verschiedener Schraubendreherausführungen - und andererseits für gehärtete Einsätze mit Schlitz - vorzugsweise zur Prüfung von Schraubendrehern -.

In axialer Richtung sind die Einsätze reibungslos verschiebbar, so daß die Auswurfkraft bzw. der Auswurfweg unmittelbar auf einen Meßbügel (9) wirken, dessen Durchbiegung den Meßgrößen proportional ist und an einer Meßuhr (10) mit ebenfalls 1/100 mm Skalenteilung angezeigt wird (1 Skalenteil = 1 kg). Anstelle des Meßbügels (9) kann auch ein Winkelhebel mit verstellbarem Gewicht eingesetzt werden. Auf diese Weise ist es möglich, auf die Paarung Schraube - Schraubendreher einen konstanten, beliebig einstellbaren, gleichbleibenden Andruck, beispielsweise von 10 kg auszuüben; außerdem kann an einer Meßuhr unmittelbar der Aufwurf abgelesen werden.

Die Schraubendreher bzw. Schraubendreherklingen werden zunächst in die Hülse (4) eingesetzt, und zwar so, daß die Klingenschneide sich gut beobachten läßt (parallel zur Blickrichtung). Dann wird der Schlitten mit der Antriebseinrichtung gegen die Klingenschneide geschoben, bis die Meßuhr (10) gerade anspricht, und die Klemmutter z.B. mit einem Mutternschlüssel angezogen.

Mit dieser Einrichtung wurden die von den Schraubendrehern aufgebrachten Drehmomente und Auswurfkräfte und -wege bzw. die auf die Schrauben übertragenen Drehmomente, die langsam gesteigert wurden, festgestellt.

4.32 Untersuchung der Schraubendreher in bezug auf übertragbare Drehmomente, Auswurfkräfte und -wege

Drehmomente

Für die Untersuchungen standen ca. 50 Schraubendreher verschiedener Ausführung, Nennlänge und Schneidenoberfläche von führenden Herstellern zur Verfügung.

Zunächst wurden die für die Versuche und Berechnung maßgeblichen Abmessungen der Schraubendreherschneiden festgestellt. Die Schneidenlängen l' und -dicken n' der Klingen wurden an den Berührungslinien mit der äußeren Kante der nach Normmaßen hergestellten gehärteten Schlitzeinsätze gemessen.

Die Schneidenlängen lagen zwischen 4,5 und 10 mm, die zugehörigen Schneidendicken zwischen 0,8 und 1,5 mm, wobei der Wert 1,5 mm nur einmal vorkam.

Es wurde festgestellt, daß das Verhältnis zwischen der Schneidenlänge l' und der zugehörigen Schneidendicke n' also nicht konstant ist, sondern bei den untersuchten Schraubendrehern mit zunehmender Schraubendrehergröße zunimmt.

Die Keilwinkel schwankten zwischen 9 und 22°; teilweise waren die Arbeitsflächen der Schneiden glatt, teilweise mit dem sogenannten "Gleitschutz" versehen. Die ermittelten Drehmomente beim Bruch wurden in Abbildung 13 dargestellt.

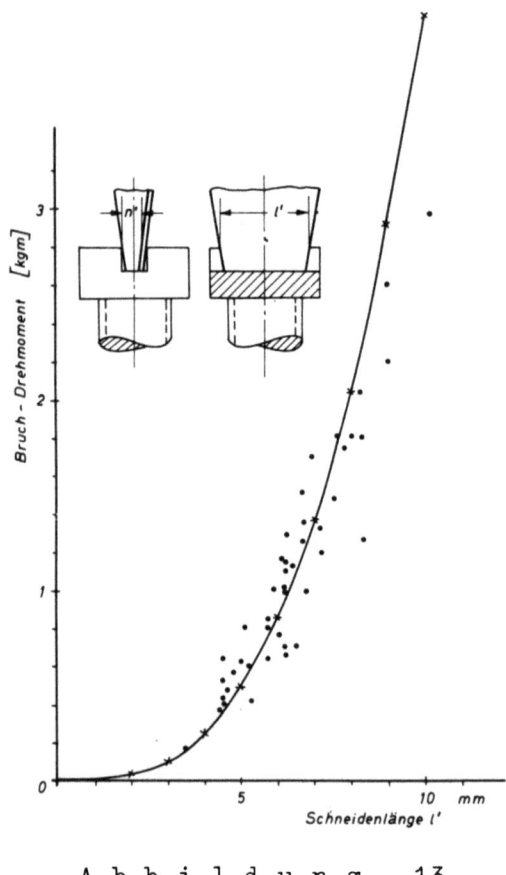

Abbildung 13

Bruch-Drehmomente von Schraubendrehern für Schlitzschrauben

Die durch die eingetragenen Meßpunkte gestrichelt eingezeichnete Mittellinie stellt mit guter Annäherung die Mittelwerte aus verschiedenen Schraubendrehertypen dar.

Für verschiedene, den entsprechenden Gewinden zugeordnete mittlere Schneidenlängen l' und -dicken n' von Schraubendrehern für Schlitzschrauben wurden die mittleren Bruchdrehmomente aus Versuch und Rechnung in Tabelle 3 eingetragen.

Tabelle 3a enthält die Bruchdrehmomente von Klingen für Kreuzschlitzschrauben aus Versuchen und die Prüfdrehmomente nach DIN-Entwurf 5261.

Aus den Mittelwerten konnte für die Berechnung der Bruchdrehmomente für konische Schraubendreherschneiden eine Annäherungsformel entwickelt werden.

Die Berechnung von Torsionsmomenten bei rechteckigen Querschnitten ist nur annäherungsweise möglich, wie aus technischen Taschenbüchern (Hütte I) ersichtlich ist. Für rechteckige, sich verjüngende Querschnitte, wie sie bei konischen Schneiden bei Schraubendrehern für Schlitzschrauben vorliegen, gibt es aber bisher keine Formel. Hinzu kommt, daß die Schraubendreherschneide auch noch auf Biegung beansprucht wird. Es handelt sich also um eine nicht eindeutige Art der Beanspruchung (zusammengesetzte Festigkeit).

Tabelle 3

Bruchdrehmomente von Schraubendreherklingen für Schlitzschrauben

Gewinde	Schneiden- länge l' [mm]	Schneiden- dicke n' [mm]	Verhältnis- zahl [l'/n']	Bruchmomente [kgm] für mittlere Schneidenlängen	
				aus Versuch	errechnet
M 3	5	0,75	6,7	0,6	0,50
M 4	6	0,95	6,3	0,9	0,92
M 6	10	1,55	6,5	3,6	4,1
M 8	12	1,7	7,1	7,5	6,5
M 10	14	2,45	5,8	12,2	12,8

Tabelle 3a

Bruch- und Prüfdrehmomente von Schraubendreherklingen für Kreuzschlitzschrauben

Gewinde	Klingengröße	Bruchdrehmomente [kgm] aus Versuch	Prüfdrehmoment nach DIN-Entwurf 5261
M 4	1	0,6	0,4
M 5	2	1,6	1,05
M 6	3	5,6	3,75
M 8	4	10	5,80

Aus der empirisch gefundenen Kurve der Abbildung 13 ergibt sich folgende Annäherungsformel für das Bruchdrehmoment hochbeanspruchbarer Schraubendreher:

$$M_t = 2{,}65 \cdot 10^3 \cdot n' \cdot l'^2 \quad [\text{kgcm}] \tag{24}$$

Die wirksame Schneidendicke n' und Schneidenlänge l' der Schraubendreherschneide sind in cm einzusetzen.

Die Formel (24) muß in ihrem Aufbau der üblichen Formel für Torsionsbeanspruchung von Stäben mit rechteckigem Querschnitt

$$M_t = \frac{bh^2}{3{,}3} \tau_t$$

entsprechen. Sie wird sich hiervon lediglich in der Beizahl x im Nenner unterscheiden, so daß sich der Faktor $2{,}65 \cdot 10^3$ der Gleichung (24) aus einem Wert τ_t/x ergeben muß.

Die errechneten Bruchdrehmomente für die Schneidendicke n' und -länge l' (vgl. Tab.1) sind ebenfalls in die Tabelle 3 eingetragen. Die Abweichung zwischen den errechneten Werten und den Mittelwerten aus den Versuchsreihen betragen 2 bis 16 %. Die Abweichungen sind damit zu erklären, daß vor allem kein festes Verhältnis zwischen Schneidenlänge und Schneidendicke, stark schwankende Keilwinkel (9 bis 22°) und unterschiedliche Werkstoffe nicht einheitlicher Wärmebehandlung vorliegen. Für M 10 ententstanden Schwierigkeiten, da die der Schraubenschlitzform nachgebildeten gehärteten Einsätze schon vor der Bruchbeanspruchung der Schraubendreherklinge wegen zu hoher Kantenbeanspruchung ausbrachen.

Im Gegensatz zu Schraubenschlitzen, bei denen sich entsprechend der Qualität und der Belastung durch Verformung selbsttätig eine für die Übertragung ausreichende Berührungsfläche einstellt, ist dies bei gehärteten Einsätzen nicht möglich; vielmehr entstehen bei diesen unzulässig hohe Flächenpressungen und Biegebeanspruchungen an der Schlitzkante.

Es mußten daher die Schlitzformen aufgrund spannungsoptischer Versuche zweckentsprechend gestaltet werden, und zwar so, daß die Verhältnisse bei der Kraftübertragung denen bei einem Schraubenkopf etwa entsprechen (Abb.13a). Die punktierten Linien stellen die Schlitzform genormter Schraubenköpfe dar. Mit einem solchen Einsatz wurden die Bruchdrehmomente für Schraubendreherschneiden für M 10 aufgenommen.

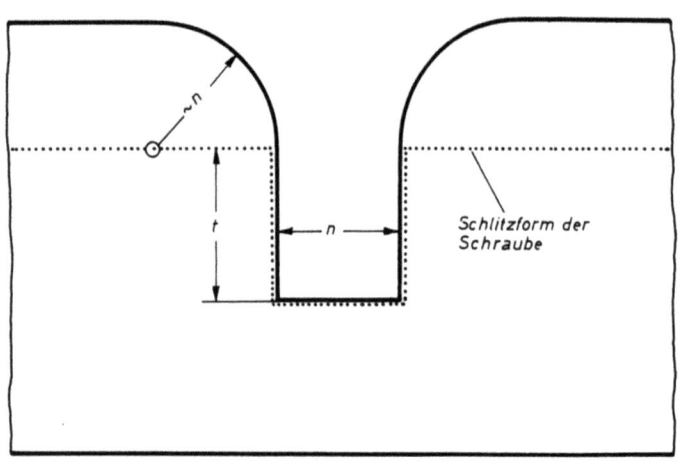

A b b i l d u n g   13a

Schlitzform für gehärteten Einsatz zum Prüfen von Schraubendrehern

Weitere Untersuchungen wurden mit Schraubendrehern für Kreuzschlitzschrauben nach DIN-Entwurf 5261 durchgeführt und die Bruchdrehmomente sowie die Prüfdrehmomente in Tabelle 3 eingetragen. Diese liegen höher als bei den bisher üblichen Schraubendrehern für Schlitzschrauben gleicher Gewindedurchmesser.

Auch die Prüfscheiben DIN E 5261 für Kreuzschlitzschraubendreher sind in ihrer jetzigen Form Dauerbeanspruchungen, wie sie beim Prüfen einer größeren Anzahl von Schraubendreherklingen auftreten, nicht gewachsen. Die äußeren Kanten müßten ebenfalls, wie die Ausführung gehärteter Einsätze, zum Prüfen von Schraubendrehern für Schlitzschrauben in einem zusätzlichen Teil mit entsprechenden Abrundungen übergehen.

Auswurfkräfte

Die Funktion eines Schraubendrehers ist aber nicht allein von dem übertragbaren Drehmoment bestimmt, sondern im wesentlichen auch von der durch die Form der Schneide und deren Oberfläche bedingten Auswurfkraft, mit der letzten Endes der Grad der Verformung des Schlitzes zusammenhängt.

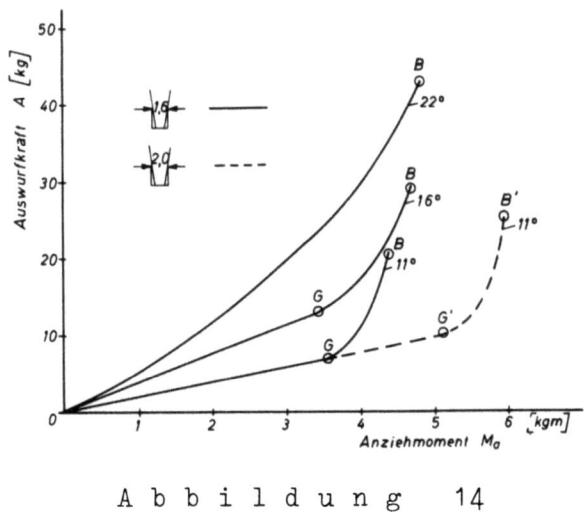

A b b i l d u n g   14

Auswurfkräfte von Schraubendrehern verschiedener Keilwinkel
im Einsatz geprüft

In Abbildung 14 wurden die Auswurfkräfte, die bei konischen Schneiden der Form a (Abb.10) bei Keilwinkeln 11°, 16° und 22° mit einer Schneidenlänge von 10,3 mm und einer Schneidendicke von 1,6 mm entstehen, in Abhängigkeit vom übertragbaren Anziehmoment dargestellt. Die Prüfung erfolgte in gehärteten Einsätzen, deren Schlitzbreite und Schlitztiefe einer Schraube M 6 DIN 84 entsprechen. Die Anziehmomente wurden bis zum Bruch der Schneide langsam gesteigert; sie steigen zunächst linear an bis zur Grenze G des proportionalen Bereiches, die besonders bei Schneiden mit kleinen Keilwinkeln auffällt, bei denen auch der weitere Anstieg bis zum Bruch B der Schneide zunehmend steiler wird.

Außerdem wurde eine Klinge mit einem Keilwinkel von 11° zu einem Schraubenschlitz mit einer Breite von 2 mm, die einer Zylinderschraube der Größe M 8 (DIN 84) entspricht, jedoch mit derselben Schlitztiefe und nutzbaren Breite b für Schraubendreher für M 6 (DIN 84) passend gemacht. Abmessungen der Schneide des Schraubendrehers: Breite 10,3 mm, wirksame Dicke 2,0 mm.

Für diesen Schraubendreher verläuft die Auswurfkraft zunächst wie die für eine dünnere Schneide mit gleichem Keilwinkel von 11°. Die Grenze des proportionalen Bereiches G' liegt jedoch bei einem höheren Anziehmoment. Ebenfalls das Bruchdrehmoment B'.

Aus der Darstellung ergeben sich folgende Feststellungen:

1. Die Auswurfkräfte nehmen mit größer werdendem Keilwinkel zu. Das Verhältnis der Auswurfkräfte bei 11°, 16° und 22° beträgt in dem Bereich der zulässigen Anziehmomente für Schrauben, also innerhalb der linearen Kurventeile etwa 1 : 2 : 3,5.

2. Die zum Bruch führenden Anziehmomente der untersuchten Schraubendreherschneiden liegen bei größeren Keilwinkeln nur um einen geringen Betrag höher als bei kleinen Keilwinkeln. Der Unterschied der Bruchdrehmomente liegt bei den untersuchten Schraubendrehern mit Keilwinkel zwischen 11° und 22° noch unter 10 %.

3. Innerhalb des proportionalen Bereiches z.B. Strecke OG der Kurve für 11° tritt eine dem aufgebrachten Drehmoment proportionale - vom Reibwert zwar abhängige - Auswurfkraft auf. Sobald jedoch die Proportionalitätsgrenze überschritten wird und bleibende Deformationen der Schneiden entstehen, vergrößert sich der wirksame Keilwinkel. Als Folge steigt die Auswurfkraft progressiv an bis zum Bruch (B) der Schneide.

Die Tatsache, daß beim Ausüben eines Drehmomentes mit den Schraubendrehern, die in einem gehärteten Einsatz geprüft werden, auch die mit einem Keilwinkel von 11° eine Auswurfkraft ergeben, steht mit den theoretischen Überlegungen in Abschnitt 2.3 nicht im Widerspruch, da bei den gehärteten

Einsätzen der Reibwert μ infolge höherer Oberflächengüte der Schlitze niedriger liegt als in den Rechenbeispielen für Schrauben angenommen wurde.

Zur Verhinderung von vorzeitigen Schneidenausbrüchen einerseits und von sichtbaren Deformationen am Schraubenschlitz andererseits muß die Beanspruchung der Schraubendreherklingen innerhalb des elastischen Bereichs bleiben, der etwa mit dem proportionalen Bereich OG der Kurven zusammenfällt.

Der Vorteil kleiner Schneidenkeilwinkel besteht in den geringen Auswurfkräften und in geringen Verformungen von Schraubenschlitzen. Dieser Vorteil wirkt sich aber nur dann aus, wenn die Schneiden sich nicht verwinden. Bei Beanspruchung der Schneiden bis zum Bruch liegt stets eine von der Zähigkeit abhängige Verwindung vor. Für diesen Fall spielen die Keilwinkel eine untergeordnete Rolle, was aus der Darstellung der Auswurfkräfte beim Bruchdrehmoment hervorgeht (Abb.14a). Die Werte wurden aus einer Reihenuntersuchung an Schraubendrehern verschiedener Größe, Schneidenform und Werkstoff entnommen.

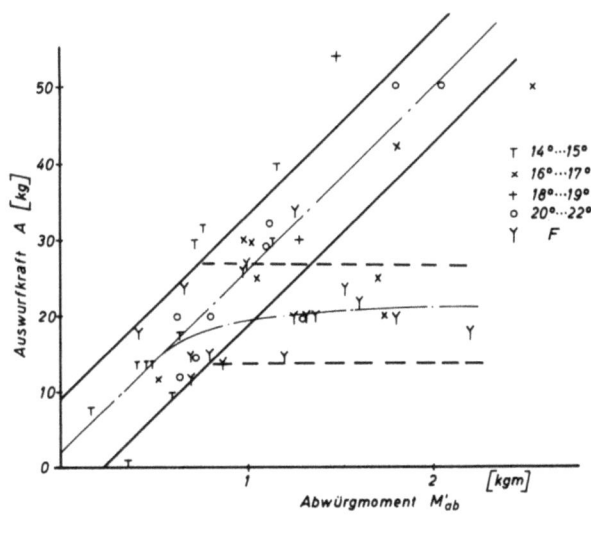

A b b i l d u n g   14a

Auswurfkräfte beim Abwürgen von Schraubendrehern verschiedener Keilwinkel
(14 bis 22°) im gehärteten Einsatz

Während der Kurvenverlauf der Auswurfkräfte für Schneiden mit verschiedenen Keilwinkeln sich bis zur Grenze des proportionalen Bereiches deutlich im Anstieg unterscheidet, läßt sich zwischen den Auswurfkräften beim Abwürgen und den Keilwinkeln kein Zusammenhang feststellen. Die Auswurfkräfte beim Abwürgen von Schraubendreherschneiden für Schlitzschrauben orientieren sich mit steigendem Abwürgemoment nach einer Geraden mit einem Anstieg von etwa 25 kg/(m · kg).

Eine Ausnahme bilden Schneiden mit Gleitschutz, bei denen die Auswurfkraft bei einem Anziehmoment von mehr als etwa 1 mkg annähernd konstant bleibt. Dies ist damit zu erklären, daß sich die härteren **parallelen** Flächen des Schlitzeinsatzes zunächst in den Gleitschutz eindrücken und die Kontaktflächen annähernd parallel werden, so daß die Schneide sich dann wie eine parallel angeschliffene verhält und keine zusätzliche Auswurfkraft erzeugt.

Anders liegen die Verhältnisse beim Anziehen von Schrauben. In die vergleichsweise weicheren Schraubenschlitze drücken sich Schraubendreherschneiden mit Gleitschutz ein und stellen somit eine feine Verzahnung zwischen Schneide und Schlitz her, so daß aus diesem Grunde nur eine geringe Auswurfkraft entsteht. Eine Deformation des Schlitzes findet ebenso wie bei glatten Schneiden entsprechend dem Keilwinkel statt. **Nach den** Versuchsergebnissen liegen die Bruchdrehmomente bei Klingen mit **Fisch**grätenschneiden wegen der geschwächten Querschnitte z.T. wesentlich niedriger als bei glatten Schraubendreherschneiden.

Da bei kleiner werdenden Keilwinkeln die Auswurfkraft abnimmt, bei größer werdenden dagegen die Beanspruchbarkeit der Schneiden zunimmt, stellt nach Versuchsergebnissen ein Keilwinkel von 11° bei bisherigen Ausführungen von Schraubendreherklingen ein Optimum dar.

Bei Kreuzschlitzschraubendrehern wurden keine Auswurfkräfte beobachtet; es ergeben sich jedoch Aufwürfe, die den Schraubendreher ähnlich wie bei Schlitzschrauben um einen geringen Betrag hinausdrücken.

4.33 Untersuchung von Schrauben mit Schlitz und Kreuzschlitz

Übertragbare Drehmomente

Während zur Prüfung der Beanspruchungsgrenzen von Schraubendrehern vergütete Einsätze erforderlich sind, können die auf Schrauben übertragbaren Höchstdrehmomente bis zum Bruch am Schraubenkopf oder im Gewinde mit Schraubendrehern in verschiedenen Ausführungen geprüft werden. Untersucht wurden Schrauben der Größe M 3, M 6 und M 10, und zwar folgende Schraubenarten der Qualität 4 S und 5 D:

Art der Schraube	DIN
Zylinder-S.	84
Halbrund-S.	86
Senk-S.	87
Linsensenk-S.	88
Linsen-S.	85
Linsensenk-S. mit Kreuzschlitz	7985

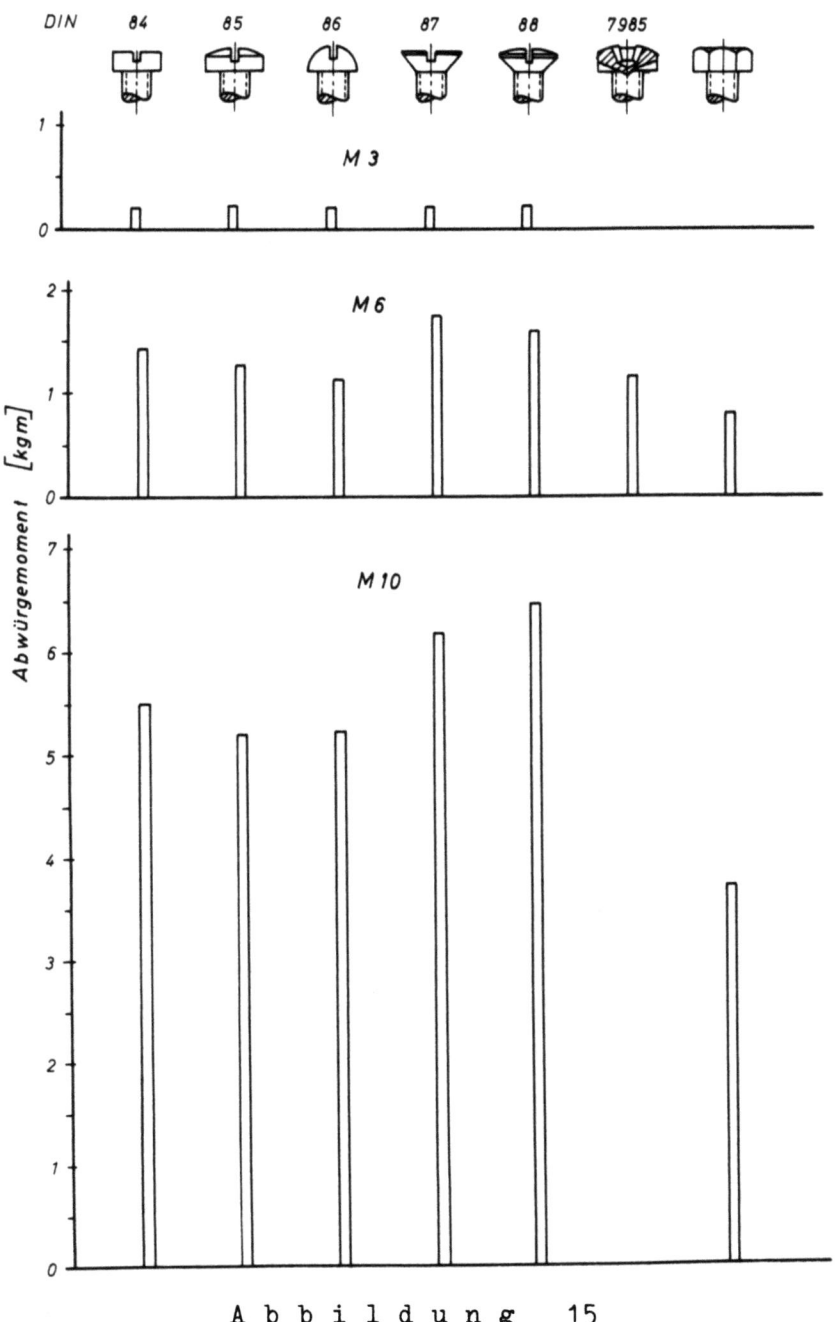

Abbildung 15

Übertragbare Drehmomente M_a bei verschiedenen Formen und Größen von Schlitzschrauben der Qualität 4 S

Für die verschiedenen Schraubengrößen und Kopfformen sich ergebende Drehmomente wurden in einem Blockdiagramm aufgetragen (Abb.15) Vergleichsweise wurden die zulässigen Anziehmomente für Sechskantschrauben nach DIN 267 aus einer Arbeit von HEINE und MUTH [12] eingetragen. Die Belastung der Schrauben erfolgte bei den verschiedenen Schraubengrößen durch die jeweils in der Größe zugehörigen Schraubendreher. Hierbei lagen die Winkel an der Schraubendreherspitze bei 13 bis 22°.

Bei allen untersuchten Schraubenausführungen wurden Zerstörungen oder Brüche nur im Gewinde beobachtet, niemals im Schraubenkopf, dessen Schlitz allerdings mitunter stark, insbesondere bei Halbrundschrauben deformiert wurde. Hierbei ist noch zu berücksichtigen, daß der Andruck in der Prüfmaschine wesentlich größer war, als es beim Anziehen von Hand möglich ist. Im letzten Falle würde die Deformation bei dem geringen Andruck des Schlitzes schon so stark sein, daß nicht einmal das unter dem Bruchdrehmoment liegende zulässige Anziehmoment ausgeübt werden könnte.

Zur Frage, inwieweit es sinnvoll wäre, den Schraubenkopf geringfügig abzuändern, um die Deformation des Schraubenschlitzes zu verringern und die Beanspruchbarkeit der Schraubendreherschneide zu erhöhen, wird im Abschnitt 5 Stellung genommen.

Die Bruchdrehmomente von Kreuzschlitzschraubendrehern entsprechen etwa den der Schraubendreher für Schlitzschrauben. Verformungen am Schraubenkopf sind erheblich geringer als bei Schlitzschrauben, die mit handelsüblichen Schraubendrehern angezogen werden.

Auswurfkräfte

Die Ermittlung der Auswurfkräfte stößt insofern auf gewisse Schwierigkeiten, als mit dem Meßbügel der Meßapparatur gleichzeitig der durch Verformung der Schlitzkante in axialer Richtung hervorgerufene Aufwurf (Abb.2) gemessen wird. Wegen der in den meisten Fällen auftretenden Deformationen des Schraubenschlitzes (s.Abschn. 2.1) wird der Schraubendreher entsprechend der Verformung des Schlitzes aus dem Schlitz herausgedrückt.

Mit dem Meßbügel für die Auswurfkraft wird diese über die Wegänderung gemessen. Es kann also der Fall eintreten, daß Schraubendreher wohl um das Maß des Aufwurfes aus dem Schlitz herausgedrückt wird, ohne daß der Schraubendreher aus dem Schlitz ganz herausgeworfen wird, also ohne daß eine echte Auswurfkraft auftritt. Die Messung der Auswurfkräfte mit dem Meßbügel würde also in der ersten Phase des Anziehens überwiegend den durch Verformung des Schlitzes hervorgerufenen Aufwurf anzeigen, während bei vergleichsweise großen Drehmomenten der Anteil der Auswurfkraft größer ist als der des Aufwurfs.

Auswurfkraft und Aufwurf lassen sich nur trennen, wenn die Messung der Auswurfkraft nach dem Prinzip der Gewichtswaage erfolgt. Der Aufwurf kann in diesem Falle unmittelbar durch eine Meßuhr angezeigt werden. Auf diese Weise lassen sich Aufwurf und Auswurfkraft trennen. Die Messung erfordert allerdings im Gegensatz zur Messung mit dem Meßbügel eine Schraube für jede Gewichtsbelastung. Wegen der Bedeutung der Auswurfkräfte und des Aufwurfs als Kriterium für die Deformation des Schraubenschlitzes wurden diese für Zylinderschrauben mit dem Schraubendreherprüfgerät ermittelt und in Tabelle 4 zusammengefaßt. Das Anziehen von Schlitzschrauben erfolgte mit sechs Schraubendreherklingen, von denen je zwei mit einem über die Schneide gleichbleibenden Keilwinkel von 11, 16 und 22° versehen wurden. Sämtliche Schneiden wurden parallel zur Schneidenkante und zusätzlich je eine Klinge mit Keilwinkeln von 11 und 22° in der üblichen Weise senkrecht zur Schneidenkante geschliffen.

Tabelle 4

Auswurfkraft A und Aufwurf a bei den zulässigen Anziehmomenten von Zylinderschrauben M 6

Schraubendreher: Schneidenbreite 10,5 mm,
Schneidendicke 1,5 mm

Schneiden-Keilwinkel [°]	x)	Schraubenqualität 4 S zul.Anziehmom. 0,55 kgm		Schraubenqualität 8 G zul.Anziehmom. 1,0 kgm	
		a [mm]	A [kg]	a [mm]	A [kg]
11	=	0,045	0	0,025	0
11	⊥	0,045	0	0,025	1
16	=	0,05	0	0,10	0
22	=	0,06	0	0,15	2
22	⊥	0,06	9	0,15	18

x) Schleifriefenlage: = bedeutet parallel zur Schneidenkante geschliffen
⊥ bedeutet senkrecht zur Schneidenkante geschliffen

Wie die Nachmessungen von Schraubendrehern verschiedener Größe und unterschiedlicher Herstellung ergeben haben, liegen die praktisch vorkommenden wirksamen Keilwinkel innerhalb der gewählten Werte. Als wirksamer Keilwinkel wird bei konvexen oder konkaven Schneiden der mittlere Winkel der Berührungsfläche mit dem Schraubenschlitz angesehen.

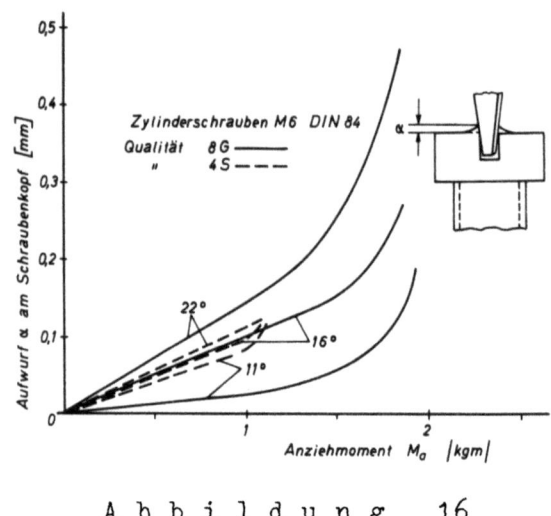

Abbildung 16

Aufwurf a bei verschiedenen Keilwinkeln von Schraubendrehschneiden

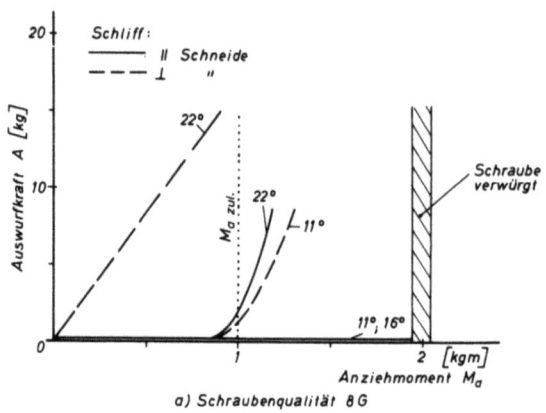

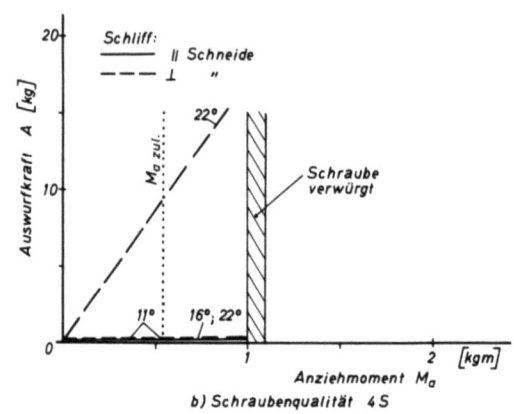

Abbildung 17

Auswurfkraft bei verschiedenem Schliff und Keilwinkeln von Schraubendreherschneiden

(gemessen an Schrauben M 6 DIN 84)

In Abbildung 16 sind der Aufwurf a, in Abbildung 17 die Auswurfkräfte A
bei verschiedenen Keilwinkeln von Schraubendreherschneiden dargestellt.
Aus der Darstellung ergibt sich, daß, wie auch die Rechnung zeigte
(Abschn.2), Schraubendreher mit Keilwinkeln von höchstens 11° bis zu den
zulässigen Anziehmomenten bei dem üblichen Anschliff senkrecht zur
Schneidenkante praktisch keine Auswurfkraft aufweisen. Bei größeren Keilwinkeln ergeben sich dagegen Unterschiede beim Anziehen von Schrauben
verschiedener Qualität, und zwar macht sich der Einfluß des Keilwinkels
bei Schrauben höherer Festigkeit auf die Auswurfkraft stärker bemerkbar,
wie aus Abbildung 17a und b hervorgeht.

Einfluß der Oberfläche von Schraubendreherschneiden auf die Auswurfkraft

Abgesehen von dem Keilwinkel sind für die Auswurfkraft der Reibwert im
Schraubenschlitz und an der Schneide, d.h. also die Oberflächengestalt
und die Härte beider Kontaktflächen maßgebend. Nach den Versuchsergebnissen verringert sich der Reibwert mit abnehmender Oberflächenrauheit
der härteren von beiden Kontaktflächen.

Da in den meisten Fällen die Schraubendreherschneide härter ist als der
Schraubenkopf, ist seine Oberflächenrauheit maßgebend für den Reibungsbeiwert (vgl. Bemerkung über Schneiden mit Gleitschutz (Abschn. 4.32).

Bei senkrecht zur Schneidenkante geschliffenen Schneiden sind die Auswurfkräfte erheblich größer als wenn Schneiden parallel zur Schneidenkante geschliffen sind. Aus der für Schraubenqualität 8 G geltenden Abbildung 17a geht hervor, daß parallel zur Schneidenkante geschliffene
Schneiden bei Keilwinkeln bis zu 22° bis zum zulässigen Anziehmoment
(ca. 1 mkg) praktisch keine Auswurfkräfte hervorrufen; bei Keilwinkeln
bis zu 16° treten sogar bis zum Abwürgen der Schraube keine Auswurfkräfte
auf. Bei senkrecht zur Schneidenkante geschliffenen Schneiden mit einem
Keilwinkel von 22° entstehen sowohl bei der Schraubenqualität 8 G als
auch bei 4 S schon bei kleinen Anziehmomenten linear ansteigende Auswurfkräfte wie bei gehärteten Einsätzen (Abb.17a und b). Werden Schraubendreherschneiden mit 22° Keilwinkel jedoch parallel zur Schneide geschliffen, so ergibt sich bei der Schraubenqualität 4 S keine Auswurfkraft.

Sonstige Einflüsse auf Auswurfkraft und Deformation des Schraubenschlitzes

Mit dem Schraubendreherprüfgerät wurden die Anziehmomente stetig gesteigert. Beim Anziehen von Hand können die Momente zum Schluß ruckartig aufgebracht werden. Um festzustellen, wie sich der Aufwurf bei mehrmaligem Anziehen einer Schraube mit steigenden Momenten ändert, wurden hochfeste Schraubenköpfe der Qualität 8 G mit einem Schraubendreher, Keilwinkel 11°, Schneidenlänge 11,7 mm angezogen. Um höhere Anziehmomente als sie dem Gewinde der Schrauben entsprechen ausüben zu können, wurden die Schraubenköpfe (normaler Durchmesser 15,7 mm) mit einem Außenvierkant (Seitenlänge 12,7 mm) versehen; die Schlitzbreite betrug 3 mm, die wirksame Schlitzlänge 8 mm.

Diese Schraubenköpfe wurden in einen Vierkant eingesetzt und derselbe Schraubenkopf viermal angezogen, und zwar in Stufen bis zu 5,5 kgm. Den Verlauf der Aufwurfkräfte in Abhängigkeit von dem Anziehmoment zeigt Abbildung 18a. Alle Kurven verlaufen zunächst geradlinig, mit dem Beginn der Deformation des Schraubenschlitzes jedoch progressiv.

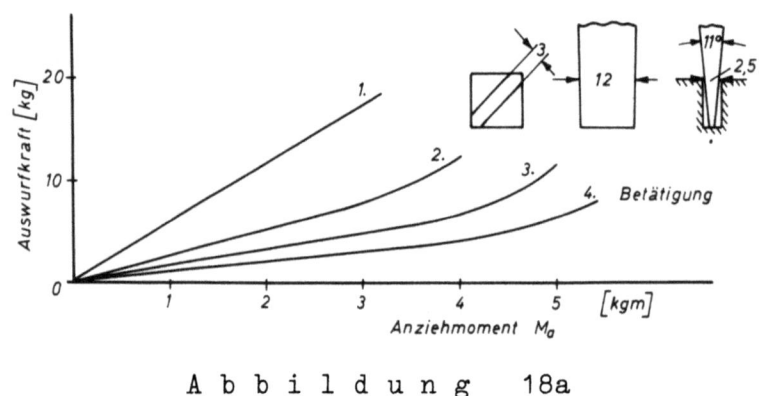

A b b i l d u n g   18a

Auswurfkräfte bei mehrmaliger Beanspruchung desselben Schraubenschlitzes (Schraubengüte 4 S) Kreuzschlitzschraubenkopf zum Vierkant ausgebildet und mit Längsschlitz versehen

Der Anstieg des linearen Kurventeiles ist während des ersten Anziehens am steilsten. Beim mehrmaligen Anziehen verläuft der lineare Teil der Kurven flacher, und zwar linear etwa bis zu dem höchsten Moment der vorhergehenden Kurve. Dann folgt eine weitere Deformation des Schraubenschlitzes, die sich in dem progressiven Kurvenverlauf zeigt.

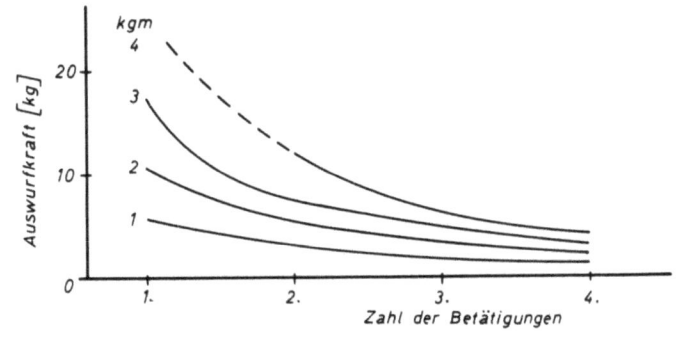

Abbildung 18b

Auswurfkräfte bei mehrmaliger Beanspruchung
(Anziehen und Lösen)

In Abbildung 18b wurden die Auswurfkräfte in Abhängigkeit von der Anzahl der Betätigungen dargestellt; es liegen die gleichen Versuchsergebnisse zugrunde wie bei der Abbildung 18a. Bemerkenswert ist, daß die Auswurfkräfte bereits bei der zweiten Betätigung gegenüber der ersten erheblich geringer sind.

Das ruckartige Anziehen der Schrauben tritt immer bei Verwendung von Schlagschraubern ein. Aus diesen Versuchen kann man folgern, daß die Schraubendreherklinge beim schlagartigen Anziehen von Schrauben in den Schlagpausen immer wieder in die Ausgangsstellung hineinrutscht und auf diese Weise eine vergleichsweise geringe Deformation des Schlitzes entsteht.

Für einige charakteristische Fälle wurden die Deformationen der Schraubenschlitze und der Aufwurf, die an Zylinderschrauben M 6 und M 10 DIN 84 entstanden, bei Aufbringung von Anziehmomenten, die die zulässige Grenze überschritten bzw. die die Bruchdrehmomente erreichten, in Abbildung 19a und b festgehalten. Die Daten der Schraubendreherschneide und die Meßwerte enthalten Tabelle 5 für M 6 und Tabelle 6 für M 10.

Bei den Schrauben M 6 (Abb.19a) wurden normale Schlitze gepaart mit Schneidenkeilwinkeln von 0, 11 und 18°. Bei den Keilwinkeln 0° und 11° entstanden keine Auswurfkräfte und nur geringe Deformationen des Schraubenschlitzes; bei einem Keilwinkel von 18° entstehen Auswurfkräfte, die entweder nach einer gewissen Deformation des Schlitzes den Schraubendreher auswerfen oder bei stärkerem Andruck den Schlitz noch weiter deformieren.

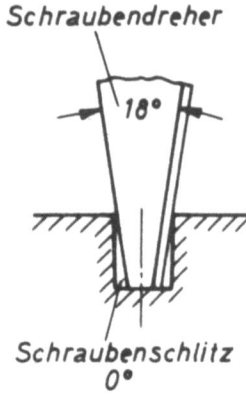
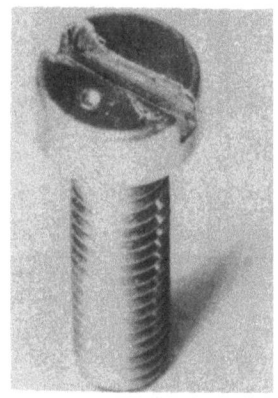

Anziehmoment
$M_0 = 1,2$ kgm

bei Auswurfkraft
$A = 8$ kg
ausgeworfen

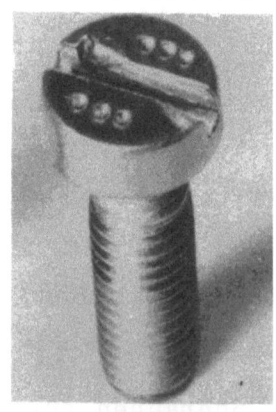

Anziehmoment
$M_0 = 1,2$ kgm

Auswurfkraft
$A = 10$ kg
abgewürgt

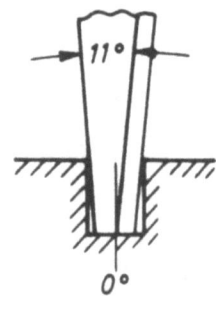
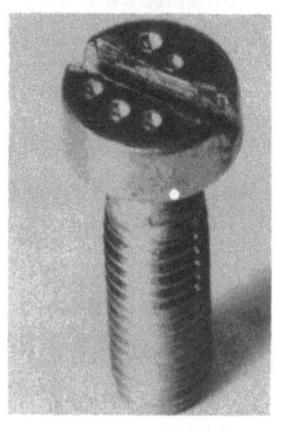

Anziehmoment
$M_0 = 1,2$ kgm

Auswurfkraft
$A = 0$
abgewürgt

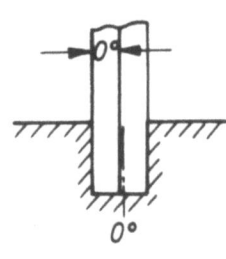

Anziehmoment
$M_0 = 1,2$ kgm

Auswurfkraft
$A = 0$
abgewürgt

Abbildung 19a

Form von Schraubendreherklingen und Schraubenschlitzen, Anziehmomente und Auswurfkräfte bei Zylinderschrauben M 6 D N 84 (4 D)

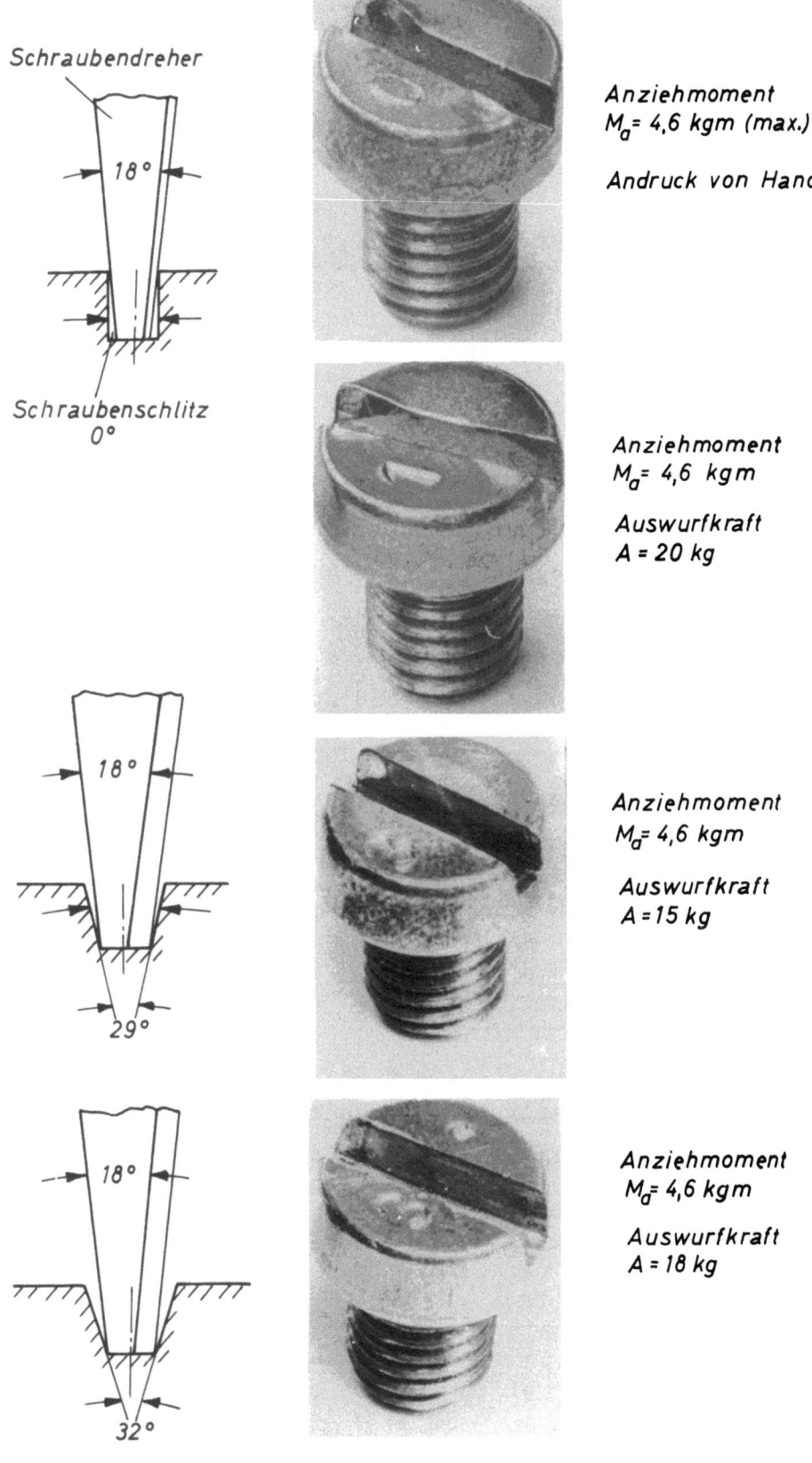

Abbildung 19b

Form von Schraubendreherklingen und Schraubenschlitzen, Anziehmomente und Auswurfkräfte bei Zylinderschrauben M 10 DIN 84 (4 D)

Tabelle 5

Anziehmomente und Auswurfkräfte bei verschiedenen Keilwinkeln der Schraubendreherschneide, gemessen an Zylinderschrauben M 6 DIN 84

Keil-winkel [°]	Schraubendreher Schneide Länge [mm]	Schraubendreher Schneide Dicke [mm]	Anzieh-moment [kgm]	Aufwurf [mm]	Deformation d.Schlitzes	Bemerkung
0	7	1,4	1,2	0	gering	Schraube abgewürgt
11	7	1,4	1,2	0	gering	"
18	8	1,2	1,2	10	stark	"
18	8	1,2	1,0	8	sehr stark	Schraubendreher ausgeworfen

Weitere Versuche wurden mit gleichen Schraubendrehern und Schrauben M 10 DIN 84 unterschiedlicher Schlitzform durchgeführt. Der Schraubendreher hatte einen wirksamen Schneidenkeilwinkel von 18°, wie er bei handelsüblichen Schraubendrehern häufig vorkommt.

Es wurden normale Schraubenköpfe verwendet, deren Schlitzgrund erhalten blieb, während die Seitenflächen des Schlitzes in einem Falle unverändert blieben, in zwei weiteren Fällen konisch gestaltet wurden (Abb.19b).

In Tabelle 6 sind die Daten der Schrauben M 10 DIN 84 und die Meßwerte zusammengefaßt.

Tabelle 6

Anziehmomente und Auswurfkräfte bei verschiedenen Schlitzformen von Schraubenköpfen
(Schlitzgrundbreite 1,2 mm, Schlitzlänge 8 mm)

Schraubenkopf Winkel im Schlitz [°]	Anzieh-moment [kgm]	Auswurf-kraft [kg]	Deformation d.Schlitzes	Bemerkung
0	4,6	-	sehr stark	von Hand angedrückt, Schraubendreher ausgeworfen
0	4,6	70	stark	-
29	4,6	50	gering	-
32	4,6	65	keine	-

5. Folgerungen

5.1 Folgerungen für die Gestaltung von Schraubendreherschneiden und Schraubenschlitzen

Aus den Versuchen ergibt sich, daß bei der Aufbringung der Bruchdrehmomente an Schrauben der Güteklassen 4 S bzw. 5 D unter Verwendung von Schraubendrehern mit Keilwinkeln von mehr als 11° und senkrecht zur Schneidenkante geschliffenen Schneiden eine Auswurfkraft auftritt.

Wenn bei hochfesten Schrauben der Güteklasse 8 G auch bei Schraubendrehern mit Schneidenkeilwinkeln unter 11° Auswurfkräfte festgestellt werden, so ist dies damit zu erklären, daß bereits vor Erreichen des Bruchdrehmomentes eine bleibende Verwindung des Schraubendrehers eintritt, die einer Vergrößerung des Keilwinkels gleichkommt. Bei verwundenen Schneiden wurden an den diagonal gegenüberliegenden an der Übertragung des Drehmomentes beteiligten Flächen der Schneide Keilwinkel von mehr als 20° gemessen.

Offenbar sind die Querschnitte der Schraubendreherschneiden für das Anziehen von hochfesten Schrauben größerer Abmessungen zu gering. Abhilfe wäre Vergrößerung der Schneidenlänge oder -dicke der Klingen. Die wirksamste Erhöhung des übertragbaren Drehmomentes, das mit der Schneidenlänge quadratisch zusammenhängt, läßt sich durch Vergrößerung der Schneidenlänge nicht erreichen, da diese durch den festliegenden Kopfdurchmesser der Schrauben bestimmt sind. Es bleibt daher nur der zweite Weg übrig, die Schneidendicke des Schraubendrehers zu vergrößern. Mit der Schneidendicke hängt das übertragbare Drehmoment allerdings nur linear zusammen.

Versuche mit extrem breiten Schraubenschlitzen (M 10 DIN 84, jedoch mit Schlitzbreite n = 3,5 mm statt 2,5 mm) und Schraubendrehern mit geringfügig verstärkten Schneidendicken von 3 mm (statt normal 2,45 mm) bestätigten die praktische Durchführbarkeit der theoretischen Überlegungen. Die verwendeten Schrauben wurden im Gewinde zerstört, die Schraubenköpfe blieben trotz der Schwächung bis auf die üblichen Deformationen an den Schlitzen unversehrt; die Schraubendreherschneiden zeigten keinerlei bleibende Formänderung.

Durch Anpassung des Schraubenschlitzes an die Schraubendreherschneide oder umgekehrt könnten die Deformationen des Schraubenschlitzes sowie die Auswurfkräfte verringert werden. Gleichzeitig würde dadurch die Beanspruchung des gefährdeten Querschnitts am Schraubenkopf herabgesetzt werden, was besonders für Senkschrauben von Bedeutung ist.

Die Auswurfkräfte bei konischen Schneiden, deren Winkel über dem kritischen Wert von 11° liegt, können durch Erhöhung der Reibung zwischen Schraubenschlitz und Schraubendreherschneide verringert werden. Dies wird bekanntlich durch einen sogenannten Gleitschutz erreicht. Die gleiche Wirkung kann jedoch durch ein Schleifen der Schraubendreherschneide parallel zur Schneidkante erzielt werden, wobei die Schleifriefen die Funktion des Fischgrätenmuster übernehmen. Hierbei fällt die beim Fischgrätenmuster evtl. auftretende Kerbwirkung weg.

Für die Prüfung von Schraubendrehern ergeben sich aus den bisherigen Untersuchungen verschiedene Folgerungen:

1. Die Prüfung des übertragbaren Solldrehmomentes oder des Bruchdrehmomentes kann nur in gehärteten, vergüteten Einsätzen erfolgen.

2. Die Form der Schlitze in den gehärteten Einsätzen muß gegenüber den entsprechenden parallelen Schlitzen in Schrauben geringfügig verändert werden, damit einerseits die Scherbeanspruchung der Schraubendreherschneide nicht vergrößert wird und andererseits keine zu großen Flächenpressungen am Schlitz auftreten, die eine vorzeitige Zerstörung der Schraubendreherschneide und des gehärteten Einsatzes verursachen. Zweckmäßigerweise werden die an der Klingenschneide anliegenden Kanten des Schlitzes im Einsatz mit Kontaktflächen versehen, wie sie sich etwa am Schraubenkopf unter Einwirkung des Schraubendrehers ausbilden.

3. Bezüglich der Auswurfkräfte ergibt die Prüfung der Schraubendreher in gehärteten Einsätzen im Vergleich zum Anziehen von Schrauben andere, meist höhere, hauptsächlich von der Schlitzform abhängige Werte.

5.2 Folgerungen für die Beanspruchung von Schrauben und Schraubendrehern

Bei einem Vergleich von Schrauben gleicher Art und verschiedener Größen (z.B. Zylinderschrauben M 10 und M 6) oder von Schrauben gleicher Größe und verschiedener Art (z.B. M 10 Senkschrauben und Halbrundschrauben) stellt man fest, daß alle Verhältnisse zwischen je zwei Maßen beispielsweise zwischen Kopfdurchmesser und Schlitzbreite nicht gleich sind. Bei Schrauben verschiedener Art können sogar bei gleicher Größe die Maße selbst unterschiedlich sein.

Es wäre daher für die verschiedenen Schraubengrößen durch Rechnung und Versuche zu klären, welche Maße für den Schraubenkopf bei den verschiedenen Gewindedurchmessern optimal sind, wobei die optimalen Abmessungen der Schraubendreherschneiden zu berücksichtigen wären.

Bei vorliegenden Untersuchungen wurden lediglich die Festigkeitswerte der Schraubengewinde von hochfesten Schrauben der Qualität 10 K mit denen der Schraubendreherschneiden verglichen.

Die Formel für das maximale Anziehmoment M_a von Schrauben lautet nach einer Formel von HEINE und MUTH [12]:

$$M_a = 1,06 \cdot \frac{\sigma_s \cdot h}{S_v} \cdot d_1^2 \qquad (25)$$

Darin bedeuten: d_1 = Kerndurchmesser
σ_s = Streckgrenzenwert
h = Steigung
S_v = Sicherheitsfaktor

Erweitert man die obige Formel mit d_1, so erhält man die Formel:

$$M_a = 1,06 \cdot \frac{\sigma_s}{S_v} \cdot \frac{h}{d_1} \cdot d_1^3 \qquad (26)$$

Der Bruch $h : d_1$ stellt nur eine Verhältniszahl ohne Dimension dar und ergibt sich aus Normblättern für die untersuchten Gewinde M 3; M 4; M 6; M 10 zu 0,21; 0,23; 0,21; 0,19 im Mittel zu 0,21. Setzen wir diesen Wert in die Formel (26) ein, so vereinfacht sich diese mit einer für die Praxis ausreichenden Genauigkeit zu

$$M_a = 0,22 \cdot \frac{\sigma_s}{S_v} \cdot d_1^3 \qquad (27)$$

In der Formel (27) ist der Bruch $\frac{\sigma_s}{S_v}$ für eine bestimmte Schraubenqualität konstant. Somit ist das Anziehmoment proportional d_1^3.

Als Funktion von dem Gewindekerndurchmesser d_1 lassen sich auch die nutzbaren Schlitzlängen l gleichartiger Schrauben verschiedener Größen ausdrücken, wenn die Form der Schraube, d.h. auch das Verhältnis $l : d_1 = c$ = const und $n : d_1 = c_1$ = const in sinnvoller Weise gleichbleibt. Dies ist schon jetzt durchschnittlich der Fall, wie sich aus den Normen für Schrauben und Gewinde bzw. aus der Tabelle 7, 1 bis 4 für die untersuchten Schrauben M 3; M 4; M 6; M 10 ergibt.

Aus den Werten für die verschiedenen Schraubenarten ergeben sich folgende Mittelwerte für Zylinder-, Halbrund- und Senkschrauben mit großem Kopf: $c = l : d_1 = 2$. Senkschrauben mit kleinem Kopf $c = 1,5$ und für alle untersuchten Schrauben $c_1 = n : d_1 = 0,33$.

Tabelle 7

Verhältniszahlen $l : d_1 = c$ und $n : d_1 = c_1$

Schraubenart	DIN		M 3	M 4	M 6	M 10	Mittel
1. Zylinder Halbrund	84 86	c	2,35	2,26	2,13	1,99	2,2
2. Senkschr. m. großem Kopf	87	c	1,96	2,04	1,93	1,86	1,9
3. Senkschr. m. kleinem Kopf	63	c	1,54	1,61	1,5	1,49	1,5
4. 1 bis 3	84 86 87 63	c_1	0,34	0,33	0,34	0,32	0,33

Vorstehende Gleichungen lassen sich auch schreiben:

$$l = c \cdot d_1 \quad \text{und} \quad n = c_1 \cdot d_1 \qquad (28)$$

Da nun aber die nutzbare Schlitzlänge l für Schraubendreher gleich der wirksamen Schneidenlänge l' bei guter Anpassung des Schraubendrehers und die Schlitzbreite n gleich der Dicke n' der Schraubendreherschneide im gefährdeten Querschnitt sein soll ($l = l'$; $n \approx n'$), läßt sich nachweisen, daß auch das vom Schraubendreher übertragbare Drehmoment sich als Funktion von dem Gewindekerndurchmesser darstellen läßt.

Die Formel für die mit Schraubendrehern übertragbaren Drehmomente lautet (vgl. Abschn. 4.32, Gl.(24)):

$$M_a = 2,65 \cdot 10^3 \, n'l'^2 \quad \text{kgcm}$$

Setzt man aus den Gleichungen (28) $l = l'$ und $n \approx n'$ in vorstehende Gleichung ein, so ergibt sich:

$$M_a = 2,65 \cdot 10^3 \cdot c^2 \cdot c_1 \cdot d_1^3 \quad \text{kgcm} \qquad (29)$$

Vergleicht man die Formel für Schrauben (27) mit der für Schraubendreher (29), so sind die übertragbaren Drehmomente in beiden Fällen abhängig von d_1^3; die Formeln unterscheiden sich nur in den Faktoren

$$f_1 = 0,22 \frac{\sigma_s}{S_v} \quad \text{bzw.} \quad f_2 \; 2,65 \cdot 10^3 \cdot c^2 \cdot c_1$$

Damit die Schraubendreher ein größeres Drehmoment übertragen können, muß der Faktor f_1 größer sein als f_2. Für das Bruchdrehmoment wird $S_v = 1$ und für die Schraubenqualität 8 G etwa

$$\sigma_s = 60 \text{ kg/mm}^2 = 60 \cdot 10^2 \text{ kg/cm}^2$$

mithin $f_1 = 1300$ und $f_2 = 2,65 \cdot 2^2 \cdot 0,3 \cdot 10^3 = 3200$.

Somit liegt die Bruchgrenze für den Schraubendreher höher als für die Schraube.

Der Faktor 2,65 gilt für hochvergütete Schraubendreherstähle (s.Abschn. 4.32). Er kann sich mit dem verwendeten Werkstoff für Schraubendreher und mit der Vergütung ändern. Mit dem Schraubendreherprüfgerät ist man jedoch in der Lage, diese Beizahl für beliebige Querschnitte der Schneide zu ermitteln. Die Schneidenlänge und -dicke der Schraubendreher ist mit den üblichen Meßmitteln der Werkstatt leicht festzustellen.

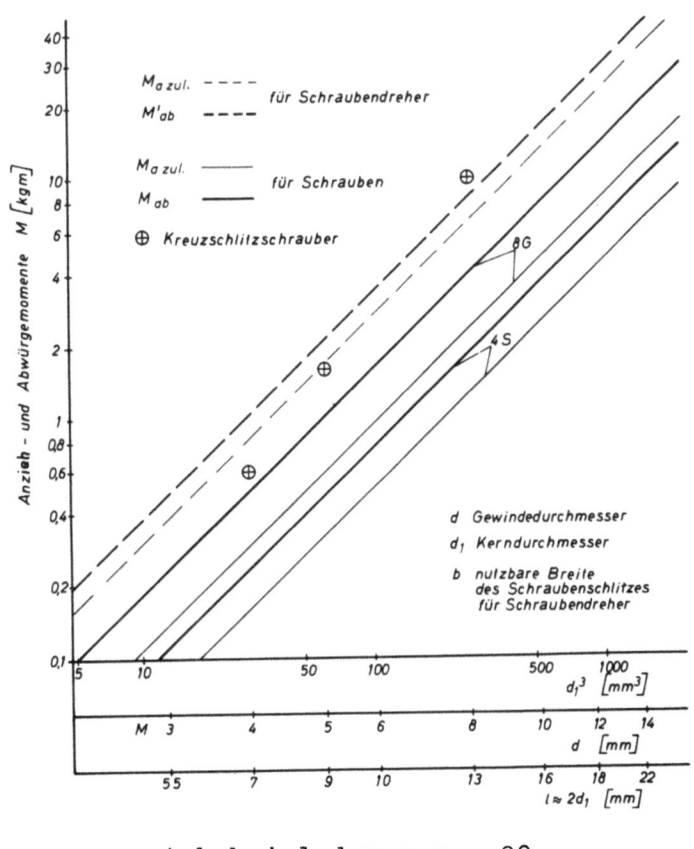

A b b i l d u n g   20

Zulässige Anziehmomente M_{azul} und Abwürgemomente M_{ab} und M'_{ab} für Schrauben und Schraubendreher

Die Abwürgemomente für Schrauben der Qualität 4 S und 8 G (nach WILLE) sowie die aus Reihenuntersuchungen ermittelten Werte für die Bruchdrehmomente von Schraubendrehern wurden in Abhängigkeit von den Gewindedurchmessern d, von der dritten Potenz der Gewindekerndurchmesser d_1^3 (vgl. Formel für Bruchdrehmomente von Schraubendrehern (24) und für Abwürgemomente für Schrauben (27)) in Abbildung 20 in logarithmischem Maßstab dargestellt; in dem untersuchten Bereich für Schrauben M 3 bis M 10 erhalten wir Parallelen. Für die zulässigen Anziehmomente von Schrauben ergeben sich entsprechende Parallelen (dünn ausgezogen), ebenso wie für die Bruchdrehmomente von Schraubendrehern (stark gestrichelt) sowie für deren Prüfdrehmomente (dünn gestrichelt).

Aus dieser Darstellung lassen sich die entsprechenden Werte für beliebige Schraubenabmessungen gleicher Qualität und für die Schraubendreher ermitteln. Inwieweit diese Gesetzmäßigkeit für wesentlich größere und wesentlich kleinere Schrauben bei den bisherigen normenmäßigen Ausführungen Gültigkeit hat, bedarf einer weiteren Untersuchung.

6. Untersuchung des Arbeitsverhaltens von kraftbetätigten Schraubendrehern

6.1 Grundsätzliches

Wie im Abschnitt 4.1 nachgewiesen wurde, können mit von nur einer Hand betätigten Schraubendrehern Anziehmomente bis etwa höchstens 1 kgm erreicht werden. Das bedeutet, daß Schrauben beispielsweise der Qualität 5 S bzw. 8 G bis zu einem Gewindedurchmesser M 8 bzw. M 6 angezogen werden können.

Schrauben mit größeren Gewindedurchmessern lassen sich entweder mit Hilfe von Gabelschlüsseln, die auf geeigneten Flächen (4- bzw. 6-kant) der Schraubendreher aufgesteckt werden, oder mit Kraftschraubern anziehen.

Bei allen Schraubverbindungen wird angestrebt, daß eine bestimmte, größtmögliche Verspannung erreicht wird, ohne daß die Schrauben beschädigt (Verformung der Köpfe) bzw. überbeansprucht werden (im Gewinde). Außerdem soll der Schraubendreher auch bei Zerstörung der Schraube noch nicht zu Bruch gehen.

In der Praxis ist es jedoch allein schon wegen der veränderlichen Reibung im Kopf und im Gewinde schwierig, vorstehende Forderungen einzuhalten, dies um so weniger, als noch weitere veränderliche Einflußgrößen hinzukommen, die von der Person z.B. Andruckgröße und -dauer und gegebenenfalls vom Kraftschrauber abhängen.

In Tabelle 8 sind die am häufigsten eingesetzten modernen Kraftschraubertypen mit ihren wesentlichen Merkmalen zusammengefaßt.

Tabelle 8

Merkmale gängiger Kraftschrauber

Art des Schraubers	Mitnahme des Schraubers	Auslösemoment bestimmt durch	Rückwirkung auf die Person	
			Drehmoment	Rückstoß
1. Schlagschrauber	Ratschenkuppl.	Gegendruck von Hand	mäßig	stark
2. Schlagschrauber	Ratschenkuppl.	einstellbare Druckfeder	mäßig	mäßig
3. Schlagschrauber	Ratschenkuppl.	Gegendruck von Hand und einstellbare Feder	mäßig	mäßig
4. Schlagschrauber	Schlaghämmer	Zusammenwirken von Schlaghämmern und Gegenstück	gering	gering
5. Preßluftschrauber	-	Drosselventil	sehr gering	sehr gering

Außer den aufgeführten Kraftschraubern gibt es auch noch solche für vorzugsweise kleinere Gewinde, bei denen das Hineindrehen der Schraube motorisch, das Anziehen bzw. Lösen von Hand erfolgt. Diese werden bei vorstehender Aufgabe nicht berücksichtigt und nur deshalb erwähnt, weil eine Drehmomentbegrenzung durch rotierende Massen anstelle der Ratschenkupplung möglich wäre, wobei das Anziehen nur durch einen einzigen Ruck erfolgen könnte, der sich vermutlich auf die Beanspruchung der Schraubenköpfe und Schraubendreher günstig auswirken würde.

Mit einem einzigen Ruck arbeiten auch die aus früheren Jahren bekannten Kraftschrauber mit Reibungskupplungen, die das jeweils eingestellte Höchstdrehmoment unabhängig von der Schraubdauer nicht überschreiten.

Bei den letzten beiden Arten von Kraftschraubern muß allerdings das ausgeübte Anzugsmoment von der Bedienungsperson voll aufgenommen werden, während in axialer Richtung praktisch keine Rückwirkung auf die Person erfolgt, ähnlich wie es bei dem Schlagschrauber Nr.4 und bei dem Preßluftschrauber Nr. 5 der Fall ist.

Die wesentlichen gütebestimmenden Merkmale von Schlagschraubern sind:

a) Einstellbarkeit und Gleichmäßigkeit der Anziehmomente.
b) Geringes von der Person aufzubringendes Gegenmoment.
c) Geringe Rückwirkungen (Rückstöße) auf die Person in axialer Richtung.
d) Geringe Abhängigkeit der in der Schraubverbindung erzielten Verspannung von der Schraubdauer.
e) Keine größere Beanspruchung der Klingen und Schraubenschlitze als beim gleichmäßigen Anziehen der Schrauben z.B. mit Drehmomentschlüsseln.

Unter Berücksichtigung dieser Merkmale stellen fast alle Kraftschrauber einen Kompromiß dar. Bei den in Tabelle 8 aufgeführten Schraubern Nr.2 bis 5 ist das Schlagmoment zwar durch die Einstellung der Maschine bedingt, das erreichbare Höchstanziehmoment setzt sich jedoch aus Einzelschlägen zusammen und nähert sich einem Endwert, der ebenso wie die erzielte Verspannung u.a. von der Schlagdauer, d.h. also in mehr oder weniger starkem Maße von der Person abhängig ist.

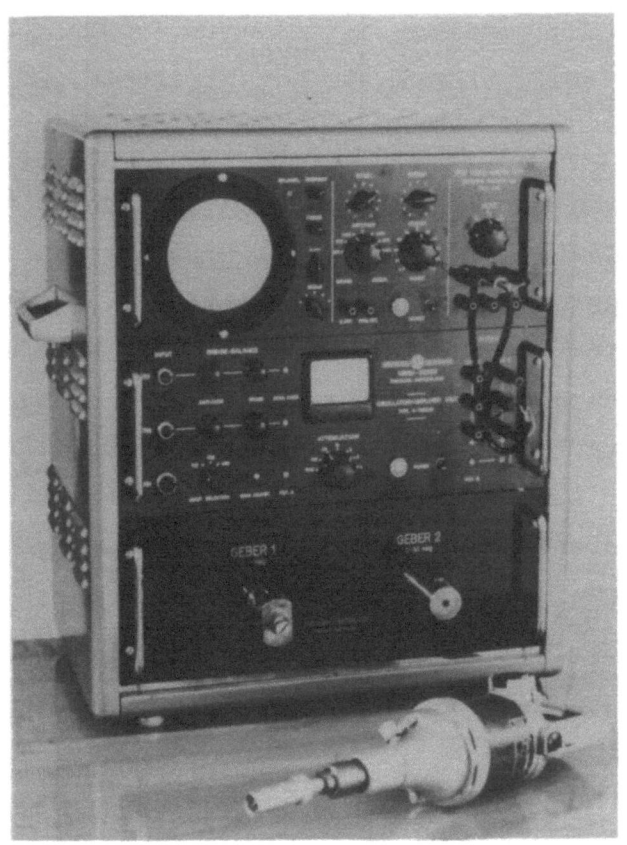

Abbildung 21

Elektronisches Prüfgerät für Kraftschrauber

6.2 Eingesetzte Kraftschrauber

Für die Untersuchung standen verschiedene in Tabelle 9 aufgeführte Kraftschrauber zur Verfügung.

Tabelle 9

Eingesetzte Kraftschrauber und Anziehmomentschwankungen

Kraftschrauber	Typ gem. Tab. 8	Schraubengröße	Anziehmoment abhängig von		
A Elektro-Schlagschr.	4	bis M 12 bis 14	Schlagdauer		
B Elektro-Schrauber	2	bis M 10	"	Andruck,	Ratscheneinstellg.
C Elektro-Schrauber	3	bis M 6	"	"	"
D Elektro-Schrauber	2	bis M 8	"	-	"
E Elektro-Schrauber	1	bis M 10	"	"	-
F Preßluft-Schrauber	5	bis M 30	"	-	Drossel

Beim Anziehen von Schrauben mit Kraftschraubern ergeben sich folgende Fragen:

1. Welche Gleichmäßigkeit der Anziehmomente wird erreicht?
2. Welche Gleichmäßigkeit der Verspannung wird erreicht?
3. Treten durch die Schlagwirkung höhere Beanspruchungen der Schraubendreherschneide und der Schraubenschlitze im Vergleich zur Beanspruchung bei allmählichem Anziehen von Hand auf?

6.3 Untersuchung der Gleichmäßigkeit der Anziehmomente und Verspannungen

Zur Beantwortung der Frage 1 und 2 wurden Diagramme von Schlagschraubern mit dem elektronischen Meßgerät für Dreh- bzw. Anziehmomente (Abb.21) aufgenommen, das nach dem Prinzip des Kathodenstrahl-Oszillographen arbeitet und auf dem Bildschirm (1) die Größe und den Verlauf der schlagartig wirkenden Anziehmomente von Kraftschraubern sowie auch statisch wirkende Anziehmomente meßbar anzeigt.

Durch Anschluß eines Schleifenoszillographen z.B. eines Oszilloports oder Linienschreibers kann der Verlauf der Anziehmomente über eine Dauer von mehreren Sekunden aufgezeichnet werden.

Eingesetzt wurden der Elektro-Kraftschrauber C und der Preßluftschrauber F (Tab.9), die zur Feststellung der Höchstanziehmomente gegen gehärtete Einsätze (2) bzw. (3) des Drehmomentgebers arbeiteten.

Die Spitzen der Anziehmomente wiesen bei beiden Kraftschraubern vernachlässigbare Unterschiede auf; sie betrugen maximal ± 8 %, im Mittel nur 1 % von dem Mittelwert der Drehmomentspitzen bei fabrikneuen Kraftschraubern. Nach mehrtägiger Beanspruchung konnte keine Änderung der Anziehmomente sowie deren Streuung festgestellt werden.

Soll der Verlauf der Anziehmomente bzw. die mit dieser in Zusammenhang stehende Verspannung aufgezeichnet werden, so läßt man den Schlagschrauber nicht gegen gehärtete Einsätze arbeiten, sondern zieht mit ihm eine Schraube in eine Mutter ein. Als Geber für die Verspannung kann beispielsweise ein mit Dehnungsmeßstreifen versehener zwischen Schraubenkopf und Mutter eingespannter Geber von der Form eines Hohlzylinders verwendet werden, dessen Höhenminderung entweder in Verspannung oder in Anziehmoment geeicht werden kann.

Für eine Schraube M 30 zeigt Abbildung 22 den Verlauf des Anziehmomentes, das degressiv ansteigt und sich einem Höchstwert nähert, der je nach eingestelltem Höchstdrehmoment und je nach Andruckdauer nach 6 bis 12 Sekunden erreicht ist.

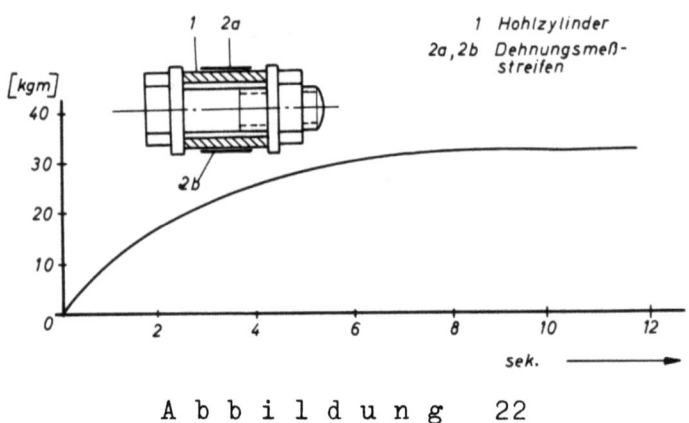

A b b i l d u n g   22

Anziehmoment in Abhängigkeit von der Anziehdauer

Bei kürzerer nicht dem Höchstwert entsprechender Anziehdauer würde also nicht die größtmögliche Verspannung, sondern eine beliebige von der betreffenden Bedienungsperson beeinflußbare Verspannung erreicht werden.

Würde die Anziehdauer gemäß Abbildung 22 z.B. zwischen 4 und 5 Sekunden liegen, dann können die Unterschiede der Anziehmomente etwa 8 % betragen. In diesem Falle lassen sich die durch die Person bedingten Streuungen jedoch verringern, wenn der Kraftschrauber nach einer bestimmten Zeit oder nach Erreichen eines bestimmten Anziehmomentes selbsttätig abgeschaltet würde. Die Auswirkungen zu langer Anziehdauer sind in Abschnitt 6.4 behandelt.

Ferner wurden die Verspannungen mit einem Meßbügel (Tensimeter) ermittelt (Abb.23), dessen Eichung mit einer hydraulischen Presse vorgenommen wurde. Die der Verspannung proportionale Durchbiegung des Meßbügels (1) wurde durch induktive Geber in elektrische Werte umgewandelt; die Ausschläge am Instrument (Hottinger Meßbrücke Typ KWS II/5) waren in dem Bereich der Schrauben M 3 bis M 10 der Verspannung proportional.

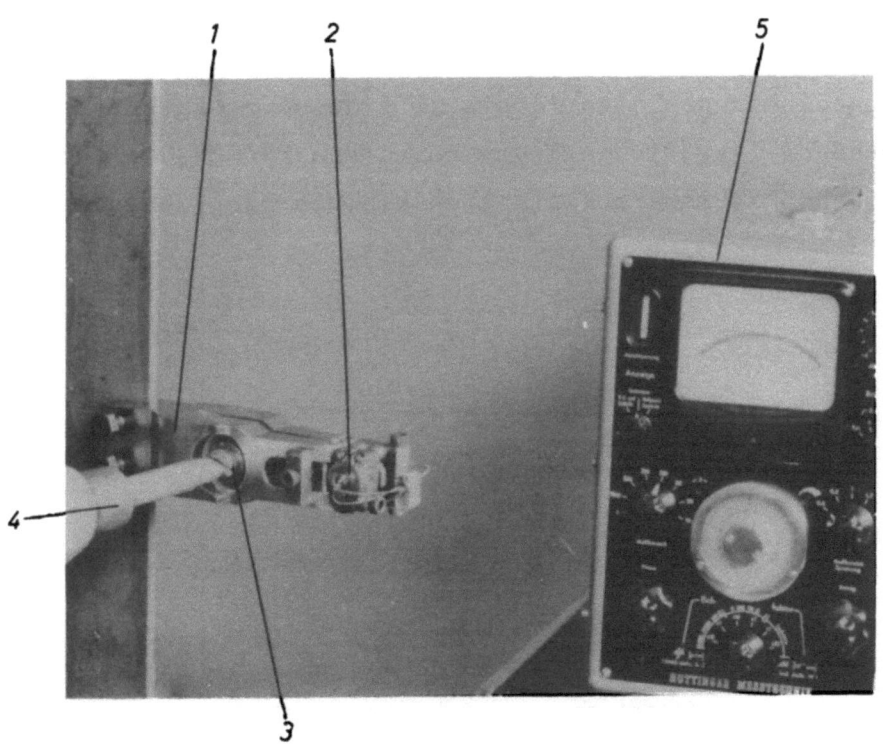

A b b i l d u n g   23

Messung der Verspannung in der Schraubverbindung

1 Meßbügel (Tensimeter)
2 Induktiver Geber
3 Schraube und Mutter
4 Kraftschrauber
5 Induktive Meßbrücke

Um die Beziehung zwischen Drehmoment und Verspannung festzulegen, wurden in den Meßbügel eine Schraube mit Mutter eingesetzt und zunächst mit einem Drehmomentschlüssel angezogen. Beim Anziehen der verwendeten Schrauben M 10 Qualität 5 D entsprach einem Drehmoment von 1 kgm eine Verspannung von 450 kg. Es wurden die Kraftschrauber A bis E der Tabelle 9 eingesetzt. Die Mittelwerte der erreichten Verspannungen sind in Tabelle 10 enthalten.

Tabelle 10

Erreichbare Verspannungen (Mittelwerte) mit Kraftschraubern beim Anziehen von Zylinderschrauben M 10 Qualität 5 D

Kraftschrauber Nr.	A	B	C	D	E
Verspannung [kg]	2100	1750	400	650	1900

Mit dem Schlagschrauber A wurden außerdem verschiedene Schrauben M 10 und Muttern (Oberflächen brüniert) eingesetzt und ein bis mehrmal mit einer handelsüblichen Klinge (Breite 12,5 mm, Dicke 2,5 mm, Type K 70) angezogen und gelöst.

Die Verspannungen betrugen etwa 14 bis 70 % der Streckgrenze, die bei 3000 kg Verspannung lag. Die geringen Werte sind durch die für die eingesetzten Schrauben in ihrer Leistung zu kleinen Kraftschrauber C und D bedingt.

Abbildung 24

Verformung des Schlitzes einer Zylinderschraube M 10 nach einer Anziehdauer von 7 sek. mit einem Kraftschrauber (Verspannung 2300 kg)

Die Verformungen der Schraubenschlitze sind schon bei einmaligem Anziehen bis auf etwa 70 % der Streckgrenze deutlich sichtbar, bei zwei- bzw. mehrmaligem Anziehen und Lösen erheblich bzw. untragbar groß (Abb.24).

Zur Feststellung der Streuungen der Verspannungen bei verschiedenen Personen und Kraftschraubern wurden Schrauben M 10 angezogen unter Berücksichtigung der Anziehdauer, die mit einer Stoppuhr ermittelt wurde. Die Ergebnisse sind in Tabelle 11 zusammengefaßt für sechs Personen und die Kraftschrauber A, B, D der Tabelle 9.

Tabelle 11

Verspannung [kg] in der Schraubverbindung und Anziehdauer

Person	Nr.	Schlagschrauber A [kg]	A [sek]	B [kg]	B [sek]	D [kg]	D [sek]
a	1	2600	4,5	1700	6	600	8
	2	2500	5,0	1800	6	800	8
b	1	1800	1	1300	1	700	1
	2	2000	1	1300	1	700	1
c	1	2700	3,5	1800	2	600	2
	2	2500	3	2100	2,5	700	2
d	1	2200	2	1600	3	700	2
	2	2400	2,5	1600	3	800	2
e	1	2100	2	1300	2,5	700	2
	2	2000	1,5	1400	2,5	800	2
f	1	2300	2	1600	2,5	800	3
	2	2700	3,5	1300	3	700	2,5

6.4 Beanspruchung der Schraubendreherschneide und des Schraubenschlitzes bei Verwendung von Kraftschraubern

Eine Beantwortung der Frage 3 nach der Beanspruchung der Schraubendreherschneide und des Schraubenschlitzes (Abschn. 6.1) ist möglich, wenn die zur Erreichung der gleichen Verspannung erforderlichen Anziehmoment-Höchstwerte beim Anziehen der Schrauben von Hand und mit Kraftschraubern ermittelt werden.

Beim Anziehen von Schrauben mit handbetätigten Schraubendrehern bleibt die Schraube ständig in Bewegung im Gegensatz zum schlagartigen Anziehen mit Kraftschraubern.

Nach den Erkenntnissen der technischen Physik ist im ersten Falle die Reibung der Bewegung zwischen Kopf und Kopfauflage sowie zwischen Schraubgewinde und Mutter zu überwinden, im zweiten Falle bei jedem Schlag die Haftreibung bzw. Reibung der Ruhe. Diese ist nach Hütte 1 etwas höher als die Reibung der Bewegung.

Um die Reibverhältnisse zu untersuchen, wurden Schrauben M 8 und M 10 der Qualität 5 D in einem Meßbügel eingesetzt (Abb.25) und mit zwei Muttern 1 und 2 eine bestimmte Verspannung erzeugt, die etwa 2/3 der Streckgrenze der entsprechenden Schraube entsprach.

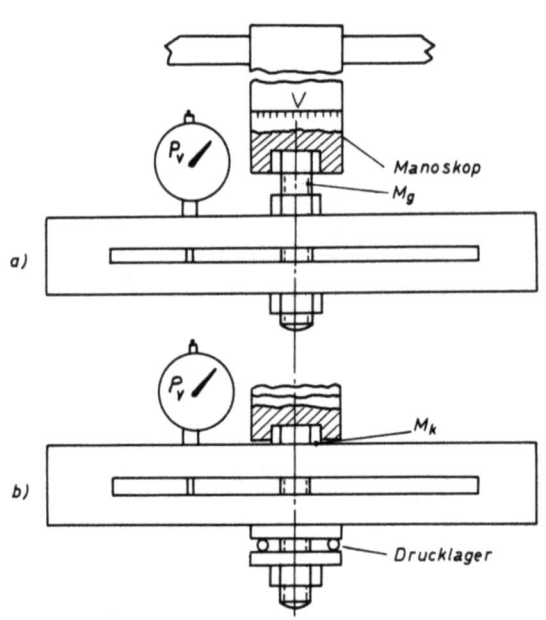

A b b i l d u n g   25

Meßprinzip für Reibungsmomente
a) im Gewinde $[M_g]$
b) am Schraubenkopf $[M_k]$
bei einstellbarer Verspannkraft P_v

Beide Muttern wurden gegen Verdrehung gesichert. Beim Drehen der Schraube in beiden feststehenden Muttern, also bei gleichbleibender Verspannung, ergeben sich die in Tabelle 12 dargestellten Reibmomente im Gewinde als Mittelwert aus je vier voneinander nur geringfügig abweichenden Messungen, und zwar für kontinuierliches und unterbrochenes Anziehen von Hand.

Tabelle 12

Reibmomente bei kontinuierlichem und unterbrochenem Anziehen von Schrauben M 10 Qualität 5 D

Verspannung [kg]	Drehmoment [kgm] bei M 10 Anziehen kontin.	unterbr.	Lösen kontin.	unterbr.	Bemerkung
1000	1,9	2,1	-	-	Gewinde
1000	1,1	1,1	-	-	Kopf
2000	2,2	2,2	2,0	2,0	Kopf

In der Tabelle 12 sind außerdem die Kopfreibmomente aufgeführt. Um die Kopfreibmomente messen zu können, wurden die Schrauben wiederum in den Meßbügel eingesetzt; die Gewindereibung wurde durch ein Drucklager zwischen Mutter und Meßbügel ausgeschaltet

Aus diesen Versuchen ergaben sich für die eingesetzten Schrauben und Muttern maßgebliche Verhältniszahlen für die Reibwerte. Im Mittel verhalten sich Haftreibung zur Reibung der Bewegung im Gewinde wie 1 : 0,9; an der Kopfauflage wurde kein Unterschied festgestellt. Für die Schraube ergibt sich als Mittel aus Kopf- und Gewindereibung also ein geringerer Unterschied zwischen Haftreibung und Reibung der Bewegung als 1 : 0,9.

Zur gleichzeitigen Ermittlung der durch das gemessene Anziehmoment hervorgerufenen Reibmomente am Schraubenkopf und im Gewinde einschließlich der durch Verspannung erzeugten Komponente, ferner zur Messung der Verspannung wurde die Prüfeinrichtung (Abb.26) entwickelt.

Die Meßeinrichtung besteht im Prinzip aus zwei durch ein Drucklager getrennte und durch auswechselbare Schrauben und Muttern verspannbare Hebel 1 und 2, die durch Zugfedern in der Nullage gehalten werden. An der oberen Fläche von Hebel 1 liegt der Schraubenkopf, an der unteren Fläche von Hebel 2 die betreffende Mutter an. Die Skale ist in kgm geeicht, und zwar zeigt Hebel 1 das Reibmoment zwischen Schraubenkopf und Kopfauflage an, während Hebel 2 die Summe der Momente, hervorgerufen durch Reibung im Gewinde und durch Verspannung, anzeigt. Die letzten beiden Größen können rechnerisch dadurch getrennt werden, daß Hebel 2 gleichzeitig als Meßbügel für die Verspannung ausgebildet ist, der durch die Schraube verspannt wird und dessen Durchbiegung als Maß für die Verspannung an der in kg geeichten Meßuhr 3 abgelesen wird. Das Anziehmoment wird an einem von Hand betätigten Manoskop angezeigt.

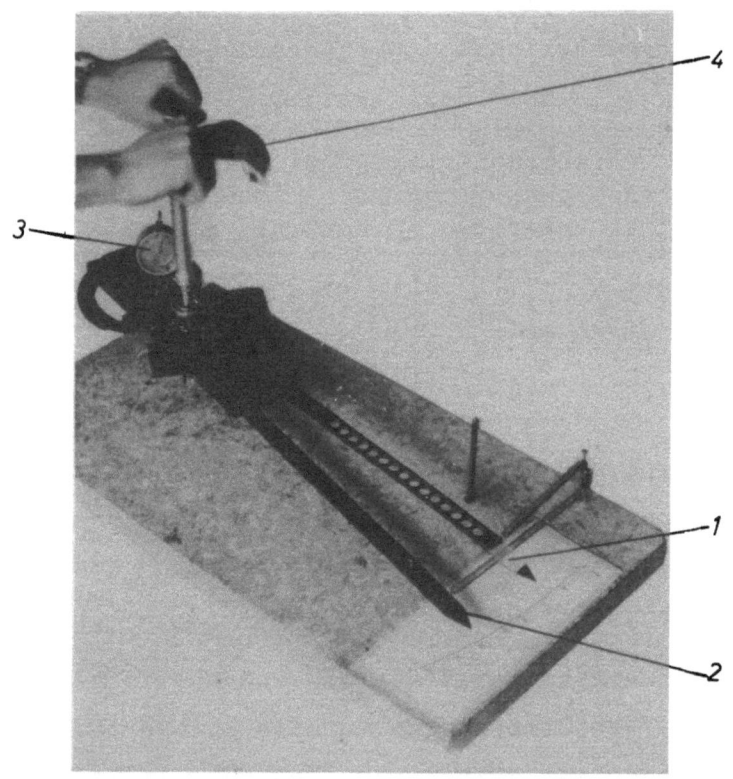

A b b i l d u n g   26

Prüfeinrichtung zur Messung der Reibmomente und der Verspannung in der
Schraubverbindung

Anzeige für

1 Kopfreibmoment
2 Gewindereib- und Verspannungsmoment
3 Verspannung
4 Anziehmoment

Mit dieser Prüfeinrichtung können erstmalig gleichzeitig somit alle beim
Anziehen von Schrauben interessierenden Größen, insbesondere die bisher
nur angenommenen Reibwerte am Kopf und im Gewinde für die verschiedenen
Fälle ermittelt werden (vgl. Abschn.1). Durch Anziehen des Schraubenkopfes gegen verschiedenartige Oberflächen bzw. des Schraubengewindes
gegen Muttergewinde unterschiedlicher Oberflächengüte und -beschaffenheit
kann deren Einfluß auf die Kopf- bzw. Gewindereibung festgestellt werden.
Dies liefert Aufschluß darüber, welcher Anteil des aufgebrachten Drehmomentes zur Reibungsüberwindung erforderlich ist und damit für die Verspannung verlorengeht. Ferner kann der Einfluß von Schmiermitteln auf
die Reibung untersucht werden.

Beim Anziehen von Schrauben M 6 und M 10 Güteklasse 4 D bzw. 5 S zeigte sich, daß mit wachsendem Anziehmoment die mit den beiden Hebeln 1 und 2 angezeigten Momente teilweise proportional mit dem aufgebrachten Anziehmoment, teilweise ungleichmäßig zunehmen.

Ferner wurde festgestellt, daß das Lösemoment bei frisch eingezogenen Schrauben in der Regel etwa geringer ist als das Anziehmoment. Dies beruht vermutlich darauf, daß der über das Gewinde wirksame Anteil der Verspannung beim Anziehen zu den Reibmomenten am Kopf und im Gewinde hinzukommt, beim Lösen jedoch von diesen abgezogen werden muß. Der Unterschied zwischen dem Anziehmoment und Lösemoment ist also der doppelte Anteil der über das Gewinde wirksamen Verspannung.

Während die Schraube beim Anziehen von Hand mit vom Beginn zunehmender Verspannung an gerechnet höchstens 1- bis 3maligem Absetzen auf ihren Höchstwert angezogen wird, sind beim Einsatz von Kraftschraubern 20 bis 50 Einzelschläge erforderlich. Es handelt sich beim Kraftschrauber also um eine Dauerschwell-Beanspruchung, die höchstens 80 % der zulässigen Zugbeanspruchung betragen darf.

Der grundsätzliche Unterschied zwischen dem Anziehen der Schrauben von Hand (kontinuierlich) und durch Schlagschrauber (unterbrochen) liegt darin, daß im ersten Falle mit einem Höchstmoment, im zweiten Falle mit einem Drehimpuls angezogen wird, d.h. im ersten Falle wirken statische Beanspruchungen, im zweiten Falle dynamische Beanspruchungen.

In der Praxis wirken sich diese beiden Grundfälle so aus, daß bei Erreichen der höchsten statischen Beanspruchung eine bestimmte Verformung im Schraubenschlitz auftritt, die auch bei längerem Wirken des Anziehmomentes nicht größer werden kann, da ein Gleichgewicht der wirkenden Kraft und der durch Materialverdrängung erzeugten Gegenkraft vorhanden ist.

Bei impulsartiger Beanspruchung wird die kinetische Energie bei jedem Schlag in eine andere umgesetzt. Sie wird beim Anziehen im wesentlichen verbraucht zur Überwindung der Reibung am Schraubenkopf und im Gewinde, sowie zur Erzeugung der Verspannung der zu verschraubenden Teile; ferner wird sie mit zunehmender Verspannung in steigendem Maße umgesetzt in elastische und plastische Formänderungen bei allen durch den Schlag beanspruchten Teilen, z.B. bei der Schneide des Schraubendrehers und im Schlitz des Schraubenkopfes einschließlich Dehnung der Schraube, bei der Kupplung des Kraftschraubers und der Mitnahme des Schraubendrehers.

Hieraus geht hervor, daß die Auswirkung des einzelnen Schlages je nach der bis dahin erreichten Verspannung und der mit der Länge der Schraube zunehmenden Torsion hinsichtlich Beanspruchung des Schraubenschlitzes und der Schraubendreherschneide unterschiedlich ist und mit wachsender Verspannung größer wird.

Ist bereits die größtmögliche Verspannung erreicht und tritt ein Stillstand der Drehbewegung ein, so kann die Energie weiterer Schläge nur noch durch elastische Kräfte oder Verformungen insbesondere im Schraubenschlitz und an der Schraubendreherschneide umgesetzt werden. Also können bei zu langer Schlagdauer starke Deformationen beim Schraubenkopf oder Schraubendreher bzw. Erwärmung der Kupplungsteile vom Kraftschrauber auftreten (Abb.24). Dies ist ein weiterer Grund, weshalb die Schlagdauer bei Kraftschraubern möglichst begrenzt sein soll.

Die Feststellung der Unterschiede zwischen der Dauerbeanspruchung bei Einzelschlägen und beim Anziehen von Hand würde eine sehr lange Zeit durch Reihenuntersuchungen in Anspruch nehmen. Die Dauer wäre besonders dann sehr lang, wenn die Beanspruchung noch innerhalb der Elastizitätsgrenze liegt.

Aufgabe einer weiteren Forschungsarbeit würde es sein, die Beanspruchungen und Standzeiten von Betätigungswerkzeugen für Schrauben näher zu untersuchen, die einerseits von Hand betätigt, andererseits durch Schlagschrauber angetrieben werden.

Zusammenfassung

Ausgehend vom Stand der Technik und aufbauend auf bisher vorliegenden Arbeiten und praktischen Erfahrungen wurden in vorliegender Forschungsaufgabe die beim Anziehen von Schrauben auftretenden Kräfte und ihre Auswirkungen sowohl in der Schraubverbindung als auch an den Betätigungswerkzeugen untersucht.

Theoretisch und praktisch wurde nachgewiesen, daß die Kraftübertragung von der Schraubendreherschneide auf den Schraubenschlitz bei den bisher üblichen Ausführungen allgemein ungünstig ist und wegen z.T. starker Deformationen des Schraubenschlitzes bei nicht gleichzeitig auftretenden hohen Auswurfkräften eine Ausnutzung der Anziehmomente infrage stellt.

Verbesserungen des Kraftschlusses zwischen Schraubendreherschneiden und Schraubenschlitz konnten mit neu entwickelten Prüfgeräten zur Messung der von Hand auf beliebige Grifformen übertragbaren Anziehmomente, ferner zur Messung der Drehmomente und Auswurfkräfte, ferner zur Prüfung der mit Kraftschraubern erzeugten Drehmomente und Verspannungen erarbeitet werden.

Nach den Versuchsergebnissen ist es möglich, die unerwünschten Auswurfkräfte, die bisher durch entsprechend großen Andruck kompensiert werden müssen, ganz zu vermeiden. Gleichzeitig lassen sich durch geeignete Ausbildung der Schraubendreherschneiden und der Schraubenköpfe Deformationen der letzteren bis auf ein praktisch vernachlässigbares Maß verringern und die übertragbaren Anziehmomente voll ausnutzen.

Die im Rahmen der Aufgabe eingesetzten Kraftschrauber zeigten ein unterschiedliches Arbeitsverhalten. Es wurden Empfehlungen für die Kraftschrauber, insbesondere hinsichtlich der Einhaltung genauer Anziehmomente und hinsichtlich geringer Rückwirkungen auf die Bedienungsperson gegeben, die z.T. auch schon in der Praxis verwirklicht worden sind.

Aufgabe einer weiteren Forschungsarbeit wäre es, Vergleichsuntersuchungen an von Hand und durch Kraft betätigten Schraubendrehern durchzuführen, um die unterschiedliche Beanspruchung der Schraubendreherschneiden einerseits und der Schraubenköpfe andererseits durch Reihenuntersuchungen festzustellen.

Dr.-Ing. Eginhard Barz

Literaturverzeichnis

[1] BENZ, W.   Dehnschrauben, Spannkraft, Drehmomentschlüssel.
MTZ 9 (1948), S. 33/36

[2] DRAGON, A.   Elektroschrauber und ihre Auslösekupplungen.
Diplomarbeit am Lehrstuhl für Werkzeugmaschinen
und Betriebslehre TH Aachen

[3] ERKER, A.   Die vorgespannte Schraubenverbindung unter
Dauerbeanspruchung und Überlastungen.
MAN-Forschungsheft 1933, S. 3/17

[4] HANCKE, A.   Anzugsmoment, Reibungsbeiwert und Verspannkraft
bei hochfesten Schrauben.
DRAHT 5, Heft 2/1955 und 3/1955, S. 1/12

[5] v. HANFFSTENGEL, K.   Einfluß des Kraftangriffes auf die Beanspruchung
vorgespannter Schraubenverbindungen.
Z.VDI 86 (1942), S. 508/510

[6] HEINE, H. und O. MUTH   Die Ermittlung von Schrauben-Anzugshöchstwerten
und ihre Messung mit neuen Drehmomentschlüsseln.
Werkstatt und Betrieb 84, Heft 1, 1951, S. 2/8

[7] HUTH, L.   Hochfrequenz-Kleinstschrauber in der feinmechanischen Fertigung.
Werkstatt und Betrieb, 92.Jg. 1959, Heft 10, S. 763

[8] KELLERMANN, R. und H.-Ch. KLEIN   Berücksichtigung des Reibungszustandes bei der
Bemessung hochwertiger Schraubverbindungen.
Konstruktion 8 (1956), S. 236/244

[9] dies.   Untersuchungen über den Einfluß der Reibung auf
Vorspannung und Anzugsmoment von Schraubenverbindungen.
Konstruktion 7 (1955), S. 54/68

[10] KLEIN, H.-Ch.   Hochwertige Schraubenverbindungen.
Einige Gestaltungsprinzipien und Neuentwicklungen.
Konstruktion 6 (S. 201-212), 7 (S. 259-264), (1959)

[11] KIENZLE, O.   Die Kraftpassung zwischen Schlüssel und Schraube.
Werkstattstechnik 3 (1940)

[12] MUTH, O.   Der Kraftmeßschlüssel als modernes Werkzeug und
Kontrollgerät.
Werkstatt und Betrieb 82, Heft 8, 1949, S. 3-7

[13] WIEGAND, H. und B. HAAS   Berechnung und Gestaltung von Schraubenverbindungen.
Berlin/Göttingen/Heidelberg: Springer 1951

Schraubenzieher für Schrauben mit Kreuzschlitz
DIN 5261.
DIN-Mitteilungen Bd.38 (1959), Heft 5 (15.Mai)

Sicherung von Schrauben gegen Überbeanspruchung
beim Anziehen.
Konstruktion 10 (1958), S. 417/418

FORSCHUNGSBERICHTE
DES LANDES NORDRHEIN-WESTFALEN

Herausgegeben
im Auftrage des Ministerpräsidenten Dr. Franz Meyers
von Staatssekretär Professor Dr. h. c., Dr. E. h. Leo Brandt

EISENVERARBEITENDE INDUSTRIE

HEFT 39
Forschungsgesellschaft Blechverarbeitung e. V., Düsseldorf
Untersuchungen an prägegemusterten und vorgelochten Blechen
1953, 46 Seiten, 34 Abb., DM 9,50

HEFT 43
Forschungsgesellschaft Blechverarbeitung e. V., Düsseldorf
Forschungsergebnisse über das Beizen von Blechen
1953, 48 Seiten, 38 Abb., 3 Tabellen, DM 11,30

HEFT 51
Verein zur Förderung von Forschungs- und Entwicklungsarbeiten in der Werkzeugindustrie e. V., Remscheid
Untersuchungen an Kreissägeblättern für Holz, Fehler- und Spannungsprüfverfahren
1953, 50 Seiten, 23 Abb., DM 10,—

HEFT 56
Forschungsgesellschaft Blechbearbeitung e. V., Düsseldorf
Untersuchungen über einige Probleme der Behandlung von Blechoberflächen
1954, 52 Seiten, 42 Abb., DM 11,20

HEFT 60
Forschungsgesellschaft Blechbearbeitung e. V., Düsseldorf
Untersuchungen über das Spritzlackieren im elektrostatischen Hochspannungsfeld
1954, 82 Seiten, 53 Abb., 7 Tabellen, DM 17,—

HEFT 61
Verein zur Förderung von Forschungs- und Entwicklungsarbeiten in der Werkzeugindustrie e. V., Remscheid
Schwingungs- und Arbeitsverhalten von Kreissägeblättern für Holz
1954, 54 Seiten, 31 Abb., DM 11,40

HEFT 65
Fachverband Schneidwarenindustrie, Solingen
Untersuchungen über das elektrolytische Polieren von Tafelmesserklingen aus rostfreiem Stahl
1954, 90 Seiten, 38 Abb., 9 Tabellen, DM 17,35

HEFT 87
Gemeinschaftsausschuß Verzinken, Düsseldorf
Untersuchungen über Güte von Verzinkungen
1954, 68 Seiten, 56 Abb., 3 Tabellen, DM 15,30

HEFT 98
Fachverband Gesenkschmieden, Hagen
Die Arbeitsgenauigkeit beim Gesenkschmieden unter Hämmern
1955, 132 Seiten, 55 Abb., 9 Tabellen, DM 24,75

HEFT 116
Prof. Dr.-Ing. E. Siebel und Dr.-Ing. H. Weiss, Stuttgart
Untersuchungen an einigen Problemen des Tiefziehens — I. Teil
1955, 74 Seiten, 50 Abb., 6 Tabellen, DM 14,50

HEFT 117
Dr.-Ing. H. Beißwänger, Stuttgart, und Dr.-Ing. S. Schwandt, Trier
Untersuchungen an einigen Problemen des Tiefziehens — II. Teil
1955, 92 Seiten, 34 Abb., 8 Tabellen, DM 17,70

HEFT 150
Prof. Dr.-Ing. O. Kienzle und Dipl.-Ing. F. W. Timmerbeil, Hannover
Das Durchziehen enger Kragen an ebenen Fein- und Mittelblechen
1955, 52 Seiten, 20 Abb., 8 Tabellen, DM 11,30

HEFT 177
Dipl.-Ing. H. Stüdemann, Solingen, und Dr.-Ing. W. Müchler, Essen
Entwicklung eines Verfahrens zur zahlenmäßigen Bestimmung der Schneideigenschaften von Messerklingen
1956, 104 Seiten, 68 Abb., 4 Tabellen, DM 22,20

HEFT 224
Dipl.-Ing. H. Stüdemann und Ing. R. Beu, Solingen
Verfahren zur Prüfung der Korrosionsbeständigkeit von Messerklingen aus rostfreiem Stahl
1956, 82 Seiten, 28 Abb., DM 16,90

HEFT 225
Dr.-Ing. E. Barz, Remscheid
Der Spannungszustand von Gattersägeblättern
1956, 74 Seiten, 54 Abb., DM 16,50

HEFT 277
Dr.-Ing. W. Müchler, Essen
Untersuchung und zahlenmäßige Bestimmung der Schneideigenschaften von Messern mit besonderer Berücksichtigung rostfreier Messerstähle
1956, 60 Seiten, 27 Abb., 5 Tabellen, DM 13,20

HEFT 283
Prof. Dr. F. Wever und Dr.-Ing. W. Lueg, Düsseldorf
Warmstauchversuche zur Ermittlung der Formänderungsfestigkeit von Gesenkschmiede-Stählen
1956, 44 Seiten, 19 Abb., DM 9,90

HEFT 285
Prof. Dr.-Ing. O. Kienzle, Dr.-Ing. K. Lange, Hannover und Dipl.-Ing. H. Meinert, Osterode
Einfluß der Oberfläche auf das Verschleißverhalten von Schmiedegesenken
1956, 62 Seiten, 29 Abb., 8 Tabellen, DM 14,60

HEFT 286
Dr.-Ing. K. Lange, Hannover, Dipl.-Ing. H. Meinert, Osterode, unter Mitarbeit von Dr.-Ing. H. Arend, Mühlheim (Ruhr)
Verschleißverhalten hartverchromter Schmiedegesenke
1956, 74 Seiten, 53 Abb., 6 Tabellen, DM 17,65

HEFT 321
Prof. Dr. F. Wever, Düsseldorf, und Dr. W. Wepner, Köln
Gleichzeitige Bestimmung kleiner Kohlenstoff- und Stickstoffgehalte im α-Eisen durch Dämpfungsmessung
1956, 30 Seiten, 3 Abb., 4 Tabellen, DM 6,80

HEFT 322
Prof. Dr.-Ing. F. Bollenrath und Dipl.-Ing. W. Domke, Aachen
Eigenspannungen in vergüteten, dickwandigen Stahlzylindern nach Oberflächenhärtung mit induktiver Erwärmung
1956, 30 Seiten, 9 Abb., 2 Tabellen, DM 6,90

HEFT 360
Dr.-Ing. E. Barz, Remscheid
Fertigungsverfahren und Spannungsverlauf bei Kreissägeblättern für Holz
1957, 68 Seiten, 40 Abb., DM 17,—

HEFT 367
Dr. rer. nat. D. Horstmann, Düsseldorf
Der Angriff eisengesättigter Zinkschmelzen auf kohlenstoff-, schwefel- und phosphorhaltiges Eisen
1957, 52 Seiten, 22 Abb., 6 Tabellen, DM 12,85

HEFT 375
Technischer Überwachungsverein e. V., Essen
Wanddickenmessungen mittels radioaktiver Strahlen und Zählrohrgerät
1958, 38 Seiten, 15 Abb., DM 9,55

HEFT 376
Technischer Überwachungsverein e. V., Essen
Wasserumlaufprobleme an Hochdruckkesseln
1958, 140 Seiten, 56 Abb., 8 Tabellen, DM 32,60

HEFT 377
Technischer Überwachungsverein e. V., Essen
Versuche an Wanderrostkesseln mit befeuchteter Verbrennungsluft
1958, 36 Seiten, 19 Abb., 2 Tabellen, DM 12,20

HEFT 395
Dipl.-Ing. L. Hahn, Clausthal-Zellerfeld
Untersuchungen zur Frage des optimalen Bohrloch- und Patronendurchmessers
1957, 132 Seiten, 49 Abb., 19 Tabellen, DM 31,25

HEFT 445
Dr.-Ing. E. Barz, Remscheid
Fertigungs- und Prüfverfahren für Feilen
vergriffen

HEFT 447
Prof. Dr.-Ing. F. Bollenrath, Aachen Dr.-Ing. H. Füllenbach, Seesen (Harz), und Dipl.-Ing. J. Schumacher, Neubeckum (Westf.)
Entwicklung rationell arbeitender Spritzkabinen
1958, 44 Seiten, 26 Abb., DM 13,55

HEFT 473
Prof. Dr. phil. F. Wever, Dr.-Ing. W. Lueg und Dipl.-Ing. P. Funke jr. Düsseldorf
Versuche an einer hydraulischen 25 t-Stangenziehbank
1957, 34 Seiten, 11 Abb., DM 8,95

HEFT 557
Dr.-Ing. H. Schiffers, Dipl.-Ing. D. Ammann, Dipl.-Ing. E. Brugger und Dipl.-Ing. R. Dicke, Aachen
Härtbarkeit von Gußeisen mit Lamellen- und Kugelgraphit in Abhängigkeit von Zusammensetzung und Gefüge
1958, 30 Seiten, 24 Abb., 1 Tabelle, DM 11,—

HEFT 630
Prof. Dr. phil. W. Koch und Dr. techn. Dipl.-Ing. H. Malissa, Düsseldorf
Beiträge zur Spurenanalyse im Reinsteisen
1958, 26 Seiten, 8 Tabellen, DM 7,60

HEFT 639
Prof. Dr.-Ing. habil. K. Krekeler, Dr.-Ing. H. Peukert und Dipl.-Ing. O. Schwarz, Aachen
Auswertung der in- und ausländischen Literatur auf dem Gebiete des Metallklebens
1958, 152 Seiten, DM 37,80

HEFT 655
Dr. rer. pol. A. Th. Wuppermann, Leverkusen, Prof. Dr.-Ing. M. Pfender und Reg.-Rat Dipl.-Ing. E. Amedick, Berlin
Untersuchung des Einflusses von Oberflächenfehlern auf die Dauerhaltbarkeit von Kurbelwellen
1958, 48 Seiten, 101 Abb., 4 Tabellen, DM 10,—

HEFT 680
Prof. Dr. phil. W. Koch, Dr.-Ing. habil. A. Krisch und Dipl.-Phys. H. Rohde, Düsseldorf
Änderungen im Gefügeaufbau austenitischer Chrom-Nickel-Stähle bei Zeitstandversuchen von mehrjähriger Dauer
1959, 38 Seiten, 23 Abb., 5 Tabellen, DM 12,20

HEFT 681
Prof. Dr.-Ing. Dr.-Ing. E. h. H. Schenk und Dr.-Ing. W. Wenzel, Aachen
Die Reduktion von Eisenerzen im Elektro-Fließbett
1959, 76 Seiten, 20 Abb., 12 Tabellen, DM 19,60

HEFT 693
Prof. Dr.-Ing. O. Kienzle, Hannover
Einige Untersuchungen über das Schneiden von Blechen
1959, 56 Seiten, 54 Abb., 3 Tabellen, DM 17,40

HEFT 702
Prof. Dr. phil. W. Koch und Dipl.-Phys. Dr. rer. nat. H. Lüdering, Düsseldorf
Statistische Auswertung von Thomasroheisenproben guter und schlechter Verblasbarkeit
1959, 20 Seiten, 3 Abb., 3 Tabellen, DM 6,50

HEFT 703
Prof. Dr. phil. W. Koch und Dipl.-Phys. Dr. phil. H. Sundermann, Düsseldorf
Isolierungstechnische Untersuchungen an Thomasroheisen
1959, 28 Seiten, 16 Abb., 1 Tabelle, DM 9,—

HEFT 705
Dr.-Ing. K. E. Mayer, Dr.-Ing. H. Knüppel, Ing. A. Stumpf, Dortmund, und Prof. Dr. phil. W. Koch, Düsseldorf
Wege zur automatischen Überwachung des Thomasverfahrens
1959, 56 Seiten, 20 Abb., 7 Tabellen, DM 14,80

HEFT 714
Prof. Dr.-Ing. W. Patterson, Aachen
Wirkung einer Gasspülung auf den Magnesiumverbrauch bei der Herstellung von Gußeisen mit Kugelgraphit
1959, 44 Seiten, 35 Abb., 14 Tabellen, DM 13,40

HEFT 728
Dr.-Ing. K. Spies, Dortmund
Die Zwischenformen beim Gesenkschmieden und ihre Herstellung durch Formwalzen
1959, 114 Seiten, 61 Abb., 1 Tabelle, DM 29,60

HEFT 740
Dr. rer. nat. D. Horstmann, Düsseldorf
Einfluß einiger Eisen- und Zinkbegleiter auf Größe und Art des Zinkangriffs auf Eisen
1959, 38 Seiten, 22 Abb., 1 Tabelle, DM 12,60

HEFT 741
Dipl.-Ing. H. Stüdemann, Dipl.-Ing. F. Esselborn und Ing. H. Hartmann, Solingen
Prüfung der Korrosionsbeständigkeit rostbeständiger Besteckbleche aus Chromstahl
1959, 32 Seiten, 30 Abb., 4 Tabellen, DM 10,30

HEFT 742
Dr.-Ing. E. Barz, Remscheid
Schneideigenschaften von schneidenden Zangen und Prüfverfahren
1959, 66 Seiten, 40 Abb., 4 Tabellen, DM 18,40

HEFT 757
Dr.-Ing. A. Schrader und Dr.-Ing. habil. A. Krisch, Düsseldorf
Mikroskopische Beobachtungen von Ausscheidungen in austenitischen und ferritischen Stählen nach dem Kriechversuch
1959, 22 Seiten, 22 Abb., 1 Tabelle, DM 8,60

HEFT 780
Prof. Dr. phil. F. Wever, Düsseldorf
Untersuchungen von Walzölen und Walzölemulsionen im Kaltwalzversuch
1959, 68 Seiten, 28 Abb., mehr. Tabellen, DM 18,50

HEFT 781
Dr.-Ing. E. Barz u. a., Remscheid
Verformungseinflüsse bei der Feilenherstellung
1959, 65 Seiten, 39 Abb., kart., DM 20,—

HEFT 840
Prof. Dr. phil. F. Wever, Dr.-Ing. H. G. Müller und Dr.-Ing. P. Funke, Düsseldorf
Versuchsmäßige und rechnerische Bestimmung von Walzkraft und Drehmoment unter Einwirkung von Bandzugspannungen beim Kaltwalzen von Bandstahl
1960, 36 Seiten, 12 Abb., 3 Tafeln, DM 10,90

HEFT 841
Dr. rer. nat. H. Blanck, Düsseldorf
Untersuchungen zur Kinetik des Martensitzerfalls
1960, 33 Seiten, 11 Abb., kart., DM 10,30

HEFT 889
Dipl.-Ing. W. Hufschmidt, Aachen
Die Eigenschaften von Rippenrohrluftkühlern im Arbeitsbereich der Klimaanlage
1960, 126 Seiten, 37 Abb., DM 33,30

HEFT 890
Dr.-Ing. H. Meyer, Hagen (Westf.)
Untersuchungen über den Umformvorgang in Waagerecht-Stauchmaschinen
1960, 76 Seiten, 61 Abb., 3 Tabellen, DM 21,90

HEFT 916
Dipl.-Ing. Hans-Joachim Grasemann, Forschungsgesellschaft Blechverarbeitung e. V., Düsseldorf
Der offene, kreuzende Scherschnitt an Blechen
1960, 138 Seiten, 66 Abb., 10 Tabellen, DM 40,70

HEFT 1000
Dipl.-Ing. Hartmut Tolkien, Institut für Werkzeugmaschinen und Umformtechnik der Technischen Hochschule Hannover
Schmierwirkungen in Schmiedegesenken

HEFT 1001
Dipl.-Phys. Dr. rer.-nat. Günter Langner, Institut für Elektronenmikroskopie an der Medizinischen Akademie, Düsseldorf
Die Informationsübertragung bei der Mikroskopie mit Röntgenstrahlen
1961, 126 Seiten, 7 Abb., DM 37,—

HEFT 1004
Dr.-Ing. Eginhard Barz, Verein zur Förderung von Forschungs- und Entwicklungsarbeiten in der Werkzeugindustrie e. V., Remscheid
Untersuchung von Schraubendrehern und Schraubenverbindungen

HEFT 1027
Dr.-Ing. Eginhard Barz, Verein zur Förderung von Forschungs- und Entwicklungsarbeiten in der Werkzeugindustrie e. V., Remscheid
Prüfung von Feilen
In Vorbereitung

HEFT 1028
Dipl.-Ing. S. Stendorf, Verein zur Förderung von Forschungs- und Entwicklungsarbeiten in der Werkzeugindustrie e. V., Remscheid
Das Gleitstauchen von Schneidezähnen an Sägen für Holz
In Vorbereitung

HEFT 1056
Dr.-Ing. Oskar Pawelski, Dr.-Ing. Werner Lueg †, Max-Planck-Institut für Eisenforschung, Düsseldorf
Der Spannungszustand beim Ziehen und Einstoßen von runden Stangen
In Vorbereitung

Ein Gesamtverzeichnis der Forschungsberichte, die folgende Gebiete umfassen, kann bei Bedarf vom Verlag angefordert werden:
Acetylen / Schweißtechnik - Arbeitswissenschaft - Bau / Steine / Erden - Bergbau - Biologie - Chemie - Eisenverarbeitende Industrie - Elektrotechnik / Optik - Fahrzeugbau / Gasmotoren - Farbe / Papier / Photographie - Fertigung - Funktechnik / Astronomie - Gaswirtschaft - Hüttenwesen / Werkstoffkunde - Kunststoffe - Luftfahrt / Flugwissenschaften - Maschinenbau - Medizin / Pharmakologie / NE-Metalle - Physik - Schall / Ultraschall - Schiffahrt - Textiltechnik / Faserforschung / Wäschereiforschung - Turbinen - Verkehr - Wirtschaftswissenschaft.

MIX
Papier aus verantwortungsvollen Quellen
Paper from responsible sources
FSC® C105338

If you have any concerns about our products,
you can contact us on
ProductSafety@springernature.com

In case Publisher is established outside the EU,
the EU authorized representative is:
Springer Nature Customer Service Center GmbH
Europaplatz 3, 69115 Heidelberg, Germany

Printed by Libri Plureos GmbH
in Hamburg, Germany